私藏日本 50个名宿

梁旅珠 ○ 著

華中科技大學出版社
http://www.hustp.com
中国 · 武汉

自序

今年年初，伊豆历史悠久的温泉旅馆浅羽楼（あさば）的小老板娘来信，开心告知我她家旅馆终于有了正式的官网。如今顶尖老旅馆还没有官网的，大概只剩下京都“御三家”中的俵屋了吧！

因为喜欢日本文化与细腻的服务，三十年来我到日本旅游了一百多趟。后来更因为我迷上温泉旅馆，住过非常多的日式旅馆。1994年炭屋牵起了我跟日本传统旅馆的缘分。之后的日本行，在大都市以外的地方我都优先考虑日式旅馆。不过我在经历几次如加贺屋、银水庄等大型温泉旅馆后，终于明白自己最享受的，其实是像炭屋那样私密而雅致的住宿体验，因此开始转向选择房数少的精致名宿，像是浅羽楼、茶寮宗园、三养庄、晴鸭楼、割烹旅馆・若松等。

2006年我出版《日本梦幻名宿》时，不少老旅馆都还没有官网，甚至不接受海外客人个人订房。但最近十几年来网络兴起，不论是客层与消费习惯，或是旅馆硬件和经营方式，都一直在剧烈地转变中。2005年虹夕诺雅・轻井泽开业，这十年刚好见证了星野集团如何引进外资并搭配财务手段，从低迷中迅速崛起。星野集团以打破一宿二食、扩大海外市场和集团连锁经营等方式，彻底动摇日本的传统旅馆业，成为今日的霸主。

当年我想象不到的是，原本稀少的高档小型温泉酒店，这些年竟逐渐成了主流。现在的游客注重质量与享受，更在意细节与隐私，因此20世纪90年代前曾盛极一时的团体旅行与动辄数百间房的大旅馆不再流行，感觉上不符合经济规模的豪华小型温泉旅馆却如雨后春笋般出现。其实，有不少十年内开业的迷你顶级温泉旅馆，前身都是企业招待所或员工度假休养所。这些在日本泡沫经济时期由大公司成立的福利设施，在不景气时期就成了企业首先处置、变现的资产。许多新业主低价接手后，就利用原有建筑物、庭院和温泉设施，改建成新颖的小温泉旅馆，像位于伊豆高原的无邻，所在地原本就是某老百货商店的员工休养所；热海的海峯楼前身是知名玩具公司的招待所。

还有，原本不论在软、硬件方面都壁垒分明的传统温泉旅馆与西式酒店，两者间的界线也逐渐模糊。温泉旅馆引进SPA与芳疗，和洋套房成为主流，取代了以茶室为贵的数寄屋客房；西式酒店在房内增加榻榻米空间，或设立温泉浴场，甚至提供浴衣，让客人在洋风的公共区域也能轻松穿着。然而对温泉旅馆爱好者来说，西式装饰与家具虽提供较为宽敞、舒适、尊重隐私的环境，但却可能因此丧失传统旅馆的美感与特色；专业经理人的工作团队或许比女将（老板娘）、仲居（侍者）的服务更有效率，但独特的女将文化与亲切温馨的传统却从此式微。看在眼里，别说日本人，连我都有好多感慨与感伤！

我不是专家达人，住旅馆不是为了采访，也没有接受招待，只是个累积了多年旅游经验的旅馆爱好者。一旦我碰到喜欢的旅馆，有机会都会多次再访，因此对每一家旅馆的心得都是我个人旅行的美好回忆。我写这本书除了纪念，也期待通过分享，让读者能找到可以为自己留下感动的好旅馆。由于旅馆数量庞大，本书延宕多年，在我伏案埋首两年后终得付梓。但碍于本书篇幅有限，我只完成了日本西部温泉旅馆为主的50家（包括日式旅馆、温泉宿和西式温泉酒店）。希望读者们从我的文字与故事中，能够感受到我所体验的、满满的温泉旅馆乐趣。我也会继续努力，尽快把我心目中优秀的日本东部温泉旅馆介绍给大家。

梁旅珠

Contents

照片提供／浅羽楼

照片提供 / 無何有

辑二、北陆

辑三、信州

辑四、近畿

辑五、中国与四国

辑六、九州

浅羽楼

竹庭・柳生之庄

ARCANA IZU

嵯峨泽馆

云风风

界・热海

ATAMI 海峯楼

石庭园中的别院 樱冈茶寮

赤泽迎宾馆

Le Grand Auberge La Belle Équipe

Regina Resort 伊豆无邻

月之兔

无双庵・枇杷

水之里悠・富岳群青

翔月

倭乃里

御宿 The Earth

东海

Tokai

图 / 月之兔 静冈县 · 伊东川奈温泉

女将的“躾”传承

浅羽楼

静冈县·伊豆修善寺温泉

我常常去日本泡温泉，住日式旅馆。偶尔会有朋友问我，日本温泉旅馆玩不腻吗?

二十多年来，随着我在日本各地的足迹范围越来越广，我拜访过的温泉旅馆也越累积越多，但我却丝毫没有疲惫、厌倦的感觉。对我来说，日式温泉旅馆就像个精致的珠宝展示盒，集日本文化之大成于一身，包括建筑、艺术、美食、花道、茶道、禅宗思想，以及日本特有的待客之道，让我在享受温泉的身心治愈力量的同时，还能细细体会日本深厚的文化底蕴。尤其是规模小的顶级温泉旅馆，不但可让我欣赏日式生活美学，更能从中感受不同主人或女将的个人理念与生活哲学。

若问我，如果一辈子只有一次机会体验日本温泉旅馆的话，会建议选择哪

一家？我想，我会毫不犹豫地回答："浅羽楼（あさば）！"

浅羽楼位于伊豆中部的修善寺，有三百多年的历史，是日本现存最古老的旅馆之一。修善寺地名的由来是桂川畔所建的"修禅寺"，当地的"独钴温泉"是伊豆最古老的温泉。据说温泉是一名叫"空海和尚"的弘法大师，在约一千两百年前用独钴（法器）从河边石头敲打出来的。

浅羽家的先祖浅羽弥九郎幸忠跟随禅师，从远州华严院来到这有着佛法传奇的温泉之乡。温泉宿则是由后代浅羽安右卫门于 1675 年创立的。而浅羽楼最具代表性的露天能剧舞台——月桂殿，却是喜爱能剧宝生流的第七代后人浅羽保右卫门于明治后期，才从东京深川富冈八幡宫迁建而来，也从此让浅羽楼在日本诸多历史悠久的温泉旅馆中，拥有了无可比拟的艺术风貌与人文景致。

二十年前第一次造访浅羽楼时，我就对旅馆如梦似幻的日本能剧舞台"月桂殿"和优雅的竹林水池十分着迷。不过旅馆内部装饰及设施相当老旧，有些房间甚至没有卫浴设备。虽然整体气氛完美，"发思古之幽情"，但住起来不是那么舒适，是比较可惜的地方。

那我为什么不推荐现在最流行的和洋风温泉旅馆呢？近年新开业或是重新整修的日本顶级旅馆多半加大了房内空间，舍弃传统的榻榻米铺被垫，改为弹簧垫的洋式床，并在每个房间设置私人露天浴池，强调舒适度与私密性，对客人来说的确轻松方便许多。为了更有效掌控餐点表现与上餐流程，旅馆也大多设置有西式餐桌椅的餐厅供客人用餐，而不沿用在房间内榻榻米上的用餐方式。但我总觉得，比起传统的日式温泉旅馆，这样时髦、新颖的旅馆，还是少了些许让人一再咀嚼、回味的风情。不习惯睡榻榻米被褥的人，早上起床或许会腰酸背痛，但睡觉时闻到的淡淡的榻榻米香，以及自然石砌成的公共露天浴池，不正是让游客最难忘怀的日本温泉魅力？

而女将更是我心目中日式温泉旅馆最迷人的元素之一。顶级温泉旅馆的女主人，负责对外的接待服务，是日本待客之道"もてなし（真心款待）"的极致代表。非常可惜的是，新型温泉旅馆的盛行，让女将的形象越来越黯淡、

模糊。老温泉旅馆在被旅馆集团收购、合并之后，改头换面再出发，多半以职业经理人取代女将。这些年来，事事亲力亲为的女将已经越来越少见。更由于现在很少有年轻女孩愿意投身这么辛苦的行业，即使是代代相传的日式温泉旅馆，也多雇请“代女将”负责接待，虽有女将之形，却无女将之魂。

真正的女将，对员工，有着老板的地位与威仪；对客人，又不卑不亢地展现温婉、温柔的服务。身为女将，让客人感受贴心与被尊重的同时，更需要时时充实自己的知识与气质，言行举止之间所表现出来的大家风范，是“流仪”（风格、做法），也就是“躾”。

“躾”（しつけ），是只存在于日文中的汉字，但“躾”从字形上很容易猜出它的意思：一种行为、姿态上的美感。要表现精致、高雅的美感，必须透过礼仪的训练。因此“躾”字在日本通常是表示家庭中对孩子的礼仪教育，但在讲究礼仪分寸的日本传统服务业，“躾”也是一位称职女将必要学习的。

1 2
3
4 5 6

1. 穿过“破风门”进入清爽雅致的玄关。2. 馆内只有两个和洋室，其中最大的“满天星”虽只能从中眺望到庭院侧面而看不到池景，却是住起来最舒适的房间。3. 客房“萩”在一楼最深处，虽然无法眺望到日本能剧舞台，却因为拥有连续两个房间的樱花、池景、石灯笼庭院景色，以及伸向院中的“广缘”（榻榻米房间与庭院交接处的长条状木制的平台），让人穿了木屐就可身在美景图画中，而成为平面媒体报导浅羽楼时的最爱。4. 二十年前第一次造访浅羽楼时，我就对旅馆如梦似幻的日本能剧舞台“月桂殿”和优雅的竹林水池十分着迷。5. 昭和初期工匠打造的自然石（露天浴池），以形状自然的石头排列分隔温泉与庭院池塘。6. 款式摩登的“暖帘”会依季节变换，是浅羽楼粉丝心目中最美的景色之一。

女将的“躾”包括“样”和“形”。“样”的意思是一个人的外表，如穿着打扮、发型等，“形”则是行为动作的表现。从“形”与“样”的各种外在礼仪显现一个人的姿态，而姿态又反映出一个人所有学习过的活动，如花道或茶道，以及个人整体的个性、内在和涵养。浅羽楼的第九代女将浅羽爱子女士，就是这样一位具有代表性的典型。

多年前的因缘让我对浅羽爱子留下了深刻的印象。虽然浅羽爱子是嫁进来的媳妇，但在第七代与第八代女将的严格培养下，浅羽爱子不但很快能独当一面，更提议活用能剧舞台推出如能剧、新内节等日本传统艺术表演，将浅羽楼从一个单纯的温泉旅馆提升为传统艺术的守护者，让原本只是景物之一的能剧舞台有了历史与文化的生动趣味。

当时的“若主人（小老板）”浅羽一秀先生只有三十几岁，还亲自为我们一行人表演了一段能剧。他的艺术造诣很深，除了能剧，对书法、茶道及现代艺术都相当地有研究。浅羽楼的晚餐菜单都是他用毛笔亲自书写的。当时看着青年才俊浅羽先生，我心里就想，浅羽爱子女将一定也很希望早日娶进一个好媳妇来继承吧！

2010年樱花季，我再度来到浅羽楼。听说旅馆已经过多次整修，不知如今面貌如何。有没有为追求新貌向时尚妥协，而失去原本的古朴风情？

我脚踏砂砾石道，穿过厚重的“破风门”。门前的染井吉野樱烂漫依旧，但站在门口笑脸迎宾的，不再是浅羽爱子女士，而是一位身材高挑、亮丽如模特的和服美女。原来，浅羽一秀先生于2005年结婚了。“若女将（小老板娘）”浅羽弥佐女士已经是三个孩子的妈妈，在升格为“大女将”的婆婆指导下，逐步担负起浅羽楼女将的责任。

当年的19个房间，已经修减为17间。我仔细观察浅羽楼的硬件变化，也感到非常开心与安心，因为旅馆并没有大肆整修，而是采取逐步改建的方式，并尽量不改变旅馆外貌，只以新木材取

015 浅羽楼

代年久腐坏的木材。内装（如洗面槽与卫浴等）则尽力在不变动格局的情况下以新颖的设施替换，提升硬件细节。

和我年纪相仿的浅羽一秀先生，多了些许花白头发。他曾笑称："还好资金不够雄厚，不然早在日本泡沫经济时期，可能就像许多传统旅馆业者一样，把老旅馆改建为钢筋水泥建筑的大型旅馆，而无法留下当今日本最具代表性的文化美宿了。"

我离开的那天早上，美丽的浅羽弥佐女士穿着套装从办公室赶来送行，我们在一片古意的、最新颖时髦的角落"沙龙"里，坐在名家设计的钻石椅上喝咖啡，聊了好一阵子。由于结合古今的美宿、美食，如今又有了美丽的若女将，浅羽楼已经成了极致中的极致。从过客的眼中，或许只能看到女将的"躾"传承，但我相信，浅羽楼的故事将有机会成为传奇。

浅羽楼

地址

〒 410-2416 静冈县伊豆市修善寺 3450-1

电话

0558-72-7000

房数

17 个

浴池

大浴场 2 个，露天浴池 1 个，家族浴池 2 个

网址

www.asaba-ryokan.com

1 2
3 4
5 6 7

1. 全年都有的特色菜骏河湾穴子（星鳗）黑米寿司。2. 若女将浅羽弥佐女士。3. 冬季名菜鸡肉丸大葱锅用天城山斗鸡肉烹煮，吃完后加蛋煮稀饭是一绝！ 4. 晚餐菜单都是由小老板浅羽一秀先生用毛笔亲自书写的。5、6、7. 浅羽楼不但历史悠久，而且它的温泉、料理、服务等都是一流的，是名宿中的名宿。

侠心剑意的料亭旅馆

竹庭·柳生之庄

静冈县·伊豆修善寺温泉

早上七点半，刚从公共露天浴池“武藏温泉”泡完温泉、梳洗完毕，我轻松愉快地回到房间“月影”门口。没有什么能比清晨以慵懒阳光和冰凉空气调味的早汤，更让人神清气爽了。拉开房门，竟有一阵味噌香味扑鼻而来，原来，服务我们的仲居[1]正子已端跪在地炉周围的地垫上，边向我们问安，边煮着早餐的味噌汤！

这就是料亭旅馆柳生之庄的早餐。像这样计算着客人回到房间的时间，由仲居现煮味噌汤，呈现一顿色、香、味俱全的早餐，还真是料亭才有的讲究与坚持，也是柳生之庄最迷人的特色之一。

柳生之庄的主人长谷川先生爱好剑道，仰慕“柳生新阴流”剑圣柳生宗严，因此以柳生之庄为旅馆名。之所以选择在修善寺修建旅馆，不仅因为此地有伊豆最古老的优质温泉和处处撩人心弦的历史场景与文学氛围，更因以桂川及竹林闻名的修善寺美景，像极了剑豪之乡，也就是位于奈良的“柳生之里”。现今日本剑道使用的竹剑，据说就是柳生新阴流独创的。走在修善寺的著名景点“竹林小径”上，总让人忍不住想起电影《卧虎藏龙》中优雅的竹林缠斗情节，而亦刚亦柔的竹与侠心剑意的武林风情，更让柳生之庄在向来以女将的细腻服务为特色的传统温泉旅馆中，表现出与众不同的独特面貌。

柳生之庄的风范在其行云流水般的低调表现方式下，不细心体会的话，你可能不易察觉。伫立于幽静竹林中的现代数寄屋[2]玄关与建筑，是由名家冈田哲郎设计，走廊的玻璃窗与障子[3]的光影之美都是细心计算并设计出来的；入口柜台旁十分雅致的大片杉板绘《竹林群雀》则是知名画家堀文子女士所绘，让户外的竹影鸟鸣生动地跃然于室内。总共才15间客房，风格就有书院风、茶室风和田舍家风。玄关与走廊上的画和装饰品多半与剑道有关，但身在其中只觉雅趣，全然没有击剑时一触即发的肃然。不特别提起的话，客人可能还不知道旅馆有自己的剑道馆。

除了如今已退居幕后的前社长长谷川先生，现在柳生之庄内，包括第二代社长谷川卓，共有4位剑道上段的高手。厨师长柴山崇志从小学起就学剑道，七段的他还拥有剑道教士资格，入厨房从学徒做起至今已近40年。由于剑道的对决成败就在一瞬间，训练有素的剑士都兼具惊人的耐力与爆发力。也或许正是这种“真剑胜负”的剑道精神，让客人从柳生之庄的料理中不难体会到厨师长的用心与执着。

使用伊豆当地季节食材的京风怀石料理，是柳生之庄的最大特色。铺上了桌布的和式矮桌仿佛变身为歌舞伎的华丽“花道”伸展舞台，一道接一道的菜品都非常讲究——从第一道在烛光摇曳中上桌的浊酒干杯开始，十足伊豆野趣的装盛方式，令人惊艳的创意食材组合，到特色的温石料理，除基本的色、香、味之外连光影、声音都照顾到。柳生之庄的料理的“五感极致”，让我沉醉其中而深深感动。

公共露天浴池“武藏温泉”和“杜鹃温泉”在自然林的包围下，草木比一般庭院旅馆丰郁茂密，春天的杜鹃和秋日的枫叶最美，四季风情尽现。15个房

1 2
3

1. 使用伊豆当地季节食材的京风怀石料理，是柳生之庄的最大特色。2. 走廊的玻璃窗与障子的光影之美，都是细心计算并设计出来的。3. 一楼客房内设有露天浴池的 3 个房间中，客房“月影”的露台正对着园中池塘、石灯笼和竹林，可欣赏柳生之庄最美丽的庭院构图，是两个人住最理想的大房间。

间中有两间离[4]——“松生”及“梅生”，适合家族或多位朋友同住。“松生”面积达122平方米，是最适合欣赏修善寺四季美景的房间，虽然宽敞舒适，但价格较高。

一楼客房内设有露天浴池的3个房间中，“月影”房间的露台正对着园中池塘、石灯笼和竹林，可在沙沙的竹叶摩擦声及鸟叫虫鸣中欣赏柳生之庄最美丽的庭院构图，是两个人住最理想的大房间。

2009年，正值柳生之庄创立40周年之际，旅馆进行了改建工程，将入口玄关处整修得更为明亮开阔。而这些年来第二代若女将的身影，也为柳生之庄的服务气氛增添了柔美气息。15个房间中有12个都增设翻新了露天或半露天浴池，但室内装饰并未盲目跟从近来流行的“和摩登”风格，而是延续纯和风的“本数寄屋”形式，希望以剑道精神将日本旅馆建筑的精粹与风情代代传承下去。

竹庭·柳生之庄

地址

〒410-2416 静冈县伊豆市修善寺1116-6

电话

0558-72-4126

房数

15个（和室13个、离2个）

浴池

大浴场2个

网址

www.yagyu-no-sho.com

注

1 仲居，料理屋及温泉旅馆或日式旅馆中，服务客人的侍者。

2 数寄屋，典型的日本建筑样式之一，是运用“茶室”建筑手法建造的建筑，许多传统旅馆皆采用这种建筑方式。

3 障子，日式建筑中的透光纸拉门。

4 离，以走道与主建筑相连的独立房间建筑。

森林中的神秘箱
ARCANA IZU

静冈县·伊豆汤岛温泉

对日本人来说，伊豆真是个无限美好的地方。伊豆半岛位于日本的中心，气候温暖，有山有水有海洋，因而拥有多变的自然美景和丰富的海陆食材，加上数量和涌量都丰沛的温泉，自古以来一直都是优质温泉宿的宝库。除了许多屹立不摇的历史悠久的名宿，在伊豆几乎每年都会有新旅馆开张，或是旧旅馆改造后再开张。

不过，2007年7月，在聚集了多个传统温泉旅馆的伊豆汤岛温泉，却出现了一家时尚新颖的美食之宿 Arcana Izu。该店以创新的姿态，立即成为温泉旅馆界的热门话题。这家只有16个房间的奢华小旅馆，与汤岛温泉其他的温泉旅馆一样，在葱郁绿意的环抱中，伫立在狩野川畔。不同之处在于，Arcana Izu 虽然有源泉挂流[1]，却应该算是一个 Auberge[2]，因此仅以美食和住宿为主，不提供一般温泉旅馆常见的设施，如大浴场和休憩区等，而且不论是料理或旅馆环境装饰，风格都偏向西式。

有别于多数 Auberge 以法文命名，Arcana 是拉丁文，意思是“秘密之箱”或“神秘的匣子”。Arcana Izu 明明就位于因《伊豆的舞女》而鼎鼎大名的老旅馆“汤本馆”旁，但旅馆门面超私密，从东京载我们前来的司机在同一条路上绕来绕去，费了好一番工夫才找到。真的好神秘！旅馆大门用清水混凝土的墙面搭配木材，带冷调的设计感，灰色墙面与砂石路面浑然一体，前方还挡了棵小树，难怪这么难找。

Arcana Izu 没有大厅，也没有柜台。客人穿过清简、自然的庭院，就直接进客房办理入住手续。16 个房间分散在 3 个客房楼内，每栋楼有 3 层，依着地形往更低的溪流而建，因此路面是二楼的高度，往下走是一楼，向上的楼梯通往三楼。房型总共 4 种，从小到大分别是 River View Suite、River Terrace Suite、River Wing Suite 及最大的 The Suite。The Suite 不像其他 3 种房型有大片落地窗，只有腰部高度以上的窗户，虽然多了一个内浴池、餐桌和小厨房，反而最不讨人喜欢，我只好选择第二大的 River Wing Suite。

清水混凝土的客房楼外观低调，的确朴实得像个箱子。我的房号是位于一楼的 15 号，虽然我已经在脑海里温习了一遍杂志里的照片展现的情景，没想到一打开门，还真有打开箱子的惊喜感！房内大片落地窗映出如画般的溪谷风景。由于沙发桌椅都低矮，家具也尽量靠向门与墙这一面。我可以感受到设计师尽量保持美景画面完整的心意。打开落地窗，我走上宽敞的阳台，连阳台上的露天石浴池也采用低矮下挖的形式，毫不阻碍室内赏景视线。水声潺潺，加上风中树叶窸窣与林中鸟鸣，好一首动人的自然交响曲。

由于没有大厅和柜台，旅馆引入全管家制，因此从迎接、发放入住说明到送上迎宾饮料等，皆由管家（Butler）打理。客人有任何需求只要打一个电话，二十四小时都有人响应处理。可惜当天服务我们的那位年轻管家态度表现不够殷勤、丁宁[3]，这是美中不足的地方。

我非常喜欢这里露天浴池的设计方式，因为浴池是从阳台面上往下沉的，

Lumière

For your good sleep
Enjoy

不会挡住房内视野，住宿者也不用费力爬进或跨入浴池。呼吸着林间清澄的空气，在温暖、柔软的温泉中听着水流的声音，让人轻松度过悠闲午后。很快就到了期待的晚餐时间。在管家的引领下，我前往独立的餐厅楼，打开门，又是一个惊喜！眼前是延伸长达15米的柜台桌，右侧是开放式厨房，6位年轻厨师一字排开，各自安静地忙碌着；厨师后方则是一大片玻璃窗，把夜间的树林美景揽入室内。

晚餐精致、美味。前菜“春的足音”使用法国罗亚尔河谷产的白芦笋，加上日本产的鲍鱼、鱼子酱与初春山菜组合成沙拉；鹅肝蒸蛋松露馨香扑鼻，鹅肝虽未煎至微焦，但软嫩口感中油香依然十足。最具代表性的一道菜是“大自然伊豆之辉”，集合了50种以上自家菜园及国内外的季节蔬菜与料理方法，以盘中盘的方式呈现，让客人得以看到盘子下方如画般的泥土和美丽植物，感念口中的美味，正是来自于伊豆得天独厚的地理条件。接下来的鲈鱼、龙虾、伊比利亚猪都处理得相当好，从前菜到甜点，道道精彩且赏心悦目。

餐厅 Lumière Arcana Izu 由大阪米其林名厨唐渡泰担任总厨师长，在现场主持的是他一手提携的年轻主厨。侍酒师小林慎二郎先生过去在东京的西洋银座饭店服务，或许因为我之前去东京经常住在西洋银座，和他聊起来更觉亲切。回到房内，虽然没有电视，但沙发前桌上有个皮制的盒子，里面摆了旅馆信息、地图、信封、信纸、一本以住宿 Arcana Izu 为故事主轴的小书，以及彩色铅笔画具组。没想到一样样研究、观赏下来，睡前时光竟也过得忙碌、充实。

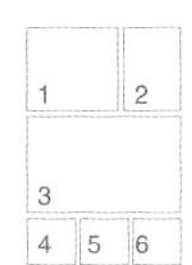

1. 房内浴室。2. 同样是 River Wing Suite，我所在的一楼视野最好，泡在浴池内就可以看到狩野川，二楼以上虽然可以看着对岸的绿树，景色也很美，但若想眺望溪流，必须站在阳台边往下看。3. 这里的露天浴池的设计方式，因为浴池从阳台面上往下沉，不会挡住房内视野，住宿者也不用费力爬进或跨入浴池。4. 房间桌上的皮制方盒，其实就是设计师所留下的“秘密之箱”，借此传递旅馆的心意。5. 餐厅 Lumière。6. 我晚餐后回到房里，看到管家贴心准备的 Arcana Izu 独创的助眠饮料，旁边还放了一张画得很可爱的小纸条。除了道晚安，也说明了做法。

1. 西式早餐“大自然版的 Arcana 游园地”出乎意料的精彩。多种美味的自制面包让我这面包控真是嗨到极点了。2.“大自然伊豆之辉”集合了 50 种以上的蔬菜与料理方法，是该店最具代表性的一道菜。3. 从前菜到甜点，道道美味且赏心悦目。4. 厨师后方是一大片玻璃窗，把夜间的树林美景揽入室内。

不像一般Auberge囿于经费、人手，只能走家庭温馨风。这家小小的旅馆能有如此优秀的表现，主要是因为背后有国际级团队的努力。除了请来知名餐厅名厨坐镇，旅馆的设计是由大阪Graf的设计名家服部滋树与平面设计师植原亮辅合作，从Logo到信纸都经过精心设计。简单、舒适的装饰，诸多横向并排面对窗景的安排，就是要客人把自己交给自然美景和无所事事的悠闲时光，彻底放松，治愈身心。服部滋树曾说手的触感很重要，植原亮辅则希望能协助旅馆与客人沟通，因而想到了“秘密之箱”这个设计主题。房间桌上造型独特的皮制方盒，其实就是他们所留下的秘密之箱。希望客人一看到就会想打开来一探究竟，从而得到旅馆所传递的讯息。真皮的美好触感，则让客人了解Arcana Izu期待做到的正是真实、自然的最高质感。Arcana Izu以最精简而美好的方式，成功结合了传统温泉旅馆（温泉）、西式旅馆（服务）与Auberge（美食）的优点而引领风潮，多年来尽管仿效者众多，但能超越其表现的不多。

ARCANA IZU

地址

〒410-3206 静冈县伊豆市汤岛1662

电话

0558-85-2700

房数

16个，全附露天浴池

浴池

无大浴场

网址

www.arcanaresorts.com

注

1 不加水，直接由温泉泉源引导至浴槽内的方式。

2 Auberge指法式西餐厨师开的小型名宿，以提供美食为主。伊豆离东京近，海陆食材丰富、气候条件佳，是日本许多法国菜厨师退休后自己开Auberge最理想的地点。

3 日文汉字的“丁宁”意指恭敬有礼、细心周到，日式顶级服务最讲究的就是“丁宁”的态度。

老旅馆的漂亮转身

嵯峨泽馆

静冈县·伊豆嵯峨泽温泉

伊豆半岛最为人知的温泉，除了伊豆的门户热海温泉及最古老的修善寺温泉，就属半岛中部的汤岛温泉了，因为在《伊豆的舞女》中，少年对舞女的情愫就始于舞女在汤岛温泉旅馆汤本馆的一场舞蹈。

汤岛温泉在修善寺南方，属于拥有七个源泉地的天城温泉乡，是翻越天城山前往南伊豆的必经道路，因此这些小温泉区，都各有一两家相当有历史的温泉旅馆。像汤本馆，就成了川端康成迷必访的朝圣点。

不过，由于伊豆箱根铁道的终点只到修善寺，前往天城温泉乡的交通并不是这么方便，因而此区温泉密度虽高，却还是保持着一种低调、宁静的氛围。20世纪的80、90年代，这里也曾涌入大量的游览车与观光团，但这样的旅游模式，却早已随着20世纪的闭幕而没落。观光客人潮不再，对一度针对团客扩建的传统旅馆存续，形成了极大的考验。汤本馆有文学名著加持，仍维持着初期的样貌与经营方式，但其他几个温泉地的旅馆，有的悄然消失，有的不得不更新业主名号，改以摩登的全新面貌出现，有的则来个大变身，以跟得上时代潮流的方式延续老旅馆的精神与传统。其中，位于嵯峨泽温泉的嵯峨泽馆，就是一个老旅馆变身成功的最佳范例。

嵯峨泽馆创立于1928年，旅馆在缓丘的围绕下沿狩野川而建，自家门口就有3个涌量丰沛的温泉源泉；1968年起，依序建造了现在所见的两层建筑“闻水亭”“花月亭”和“向月亭”，因此旅馆平面呈长条形。伊豆多竹林，嵯峨泽馆所在地的嵯峨泽温泉，因有着类似于京都嵯峨野的竹林风情而得名。嵯峨泽馆在老板植田先生的规划下经历大改建，加建三层楼的“绿水亭”，但减少总房数，更从京都请来新厨师长，于2004年11月重新开业。

31间客房中有22间附有桧木露天浴池，连客房浴池都是百分之百源泉挂流，因此旅馆可称得上是温泉迷心目中最极致的奢侈梦幻。其中新设的5间和洋室是馆内最大房间，都在最高楼层三楼，内装各不相同，我造访时选择的和洋室“梨花”，是最常出现在媒体报导中的房间。房内的空间配置与床铺家具使用起来都很理想，不会有传统和室拘泥不舒服的感觉，相当符合植田先生家族两代同乐的设计目标。

旅馆的另一个重大改变，则是将原本和式风情的门厅，改装成传统与现代结合的时尚起居空间，并在大厅外宽广的木制平台上设置休闲桌椅，让客人可以轻松地在这里休憩。这里的乡间景观算不上美景，但木制平台的设计让气氛更好。平台围绕的水池其实是个使用天然温泉的游泳池，只在夏季开放，其他季节则当成景观池。有了这个游泳池，旅馆的公共区域多了几分度假村的味道，也成了少数拥有游泳池的中小型日式旅馆。游泳池名为“POO露”，其实是英文“pool”的日语发音，体现的正是嵯峨泽馆的改装理念与手法。

我认为嵯峨泽馆最迷人之处，是其保留了传统汤宿的“温泉三昧[1]”，不但有三分之二的房间内附桧木露天浴池，竟还有多达11个公共汤池，包括4个内汤大浴场、2个露天浴场和5个免费“贷切浴池（个人汤屋）”，以及促进发汗排毒的干式岩盘浴池。巡游多种浴池及该如何选择安排，成为入住嵯峨泽馆的客人最大的乐趣。对温泉爱好者来说，只住一个晚上的话，一定会觉得时间不够用。

我对这里料理的印象是中规中矩、味道不错，但跟顶级温泉旅馆与料亭旅馆的菜品相比，精致度有些落差。不过若从价位来看，性价比相当高，难怪客人满意度高，一开业就立刻成为人气温泉旅馆。旅馆改装后历经多年仍能持续得到好评，我想是因为嵯峨泽馆在追求舒适与现代化的同时，并没有舍弃传统温泉旅馆的趣味与自我风格。它的确是一家能让客人得到住宿乐趣的真正的温泉旅馆，非常适合与家人、友人共享。

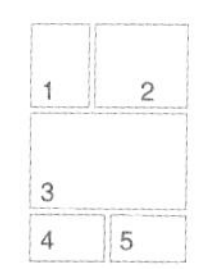

1. 先后沿川建成的几栋建筑皆呈长条形相互连接，通过公共区廊道巡游各公共汤池，颇有翻山越谷之趣。2. 新设5间和洋室的桧木露天浴池都是百分之百源泉挂流。3. 游泳池旁的木制平台让旅馆多了几分度假村的味道。4. 大厅是和洋融合，使用木纹纸、土墙等天然素材，摩登、洗练。5. 和洋室内的空间配置好，家具使用起来舒适理想。

嵯峨泽馆

地址

〒410-3209 静冈县伊豆市门野原400-1

电话

0558-85-0115

房数

31个，和室26个（附露天浴池17个），附露天浴池和洋室5个

浴池

11个公共汤池（大浴场4个、露天浴池2个、贷切浴池5个）、独享式岩盘浴池3个

网址

www.sagasawakan.com

注

1 三昧来自佛教用语，形容专心、专注地做某件事。日本人常将三昧用于日常生活中，也可指专注于享乐，比如“温泉三昧”“高尔夫三昧”等。

小巧房间中的无限想象

云风风

静冈县·伊豆月濑温泉

2012年7月开业的云风风位于伊豆半岛中央的月濑温泉，离伊豆箱根铁道终点的修善寺大约20分钟车程。月濑温泉是个小温泉地，知名度远不如修善寺温泉，也不像同属天城温泉乡的汤岛温泉有文豪和文学名著加持，所以目前只有云风风这么一家迷你小旅馆。月濑温泉没有温泉街，也没什么商店，附近连住家都不多，因此只有7个房间的云风风，整体设计概念和风格，就是近年来非常流行的“窝居”系。

“窝居系旅馆”的意思是即使客人窝在房里，所有对住宿旅馆的期待和需求都可以得到满足。刚抵达时，我就感到云风风周围气氛“很乡下”。旅馆内连个小小的玄关柜台都没有，让我有点意外。这里每个房间都是独立的离，有各自的露台和露天浴池，房内设施用品齐备，所以旅馆没有大厅和大浴场，除了独立的餐厅楼和芳疗室之外，也没有任何公共区域与设施。

名称虽来自于俳人松尾芭蕉的俳句，不过云风风以“和式度假酒店”为自我定位，走的是现在最流行的摩登和洋风，建筑气氛虽略偏日式，但旅馆人员穿着黑色套装制服，服务是西式饭店风格。房名以从各室展望所见的特色来命名，因此不同季节入住，可依名称来挑选房间。例如客房“流清”可以眺望狩野川、聆听川音；“萤火”季节对的时候可观萤；“栬枫”则秋色最为迷人。每个房间的大小、内部装饰、露天浴池浴槽的材质造型与配置都不一样，对于喜欢这家旅馆的客人来说，变化与新鲜感或许可以提高客人再访的兴致。

因为订不到最大的房间“流清”，我只能从其他较大的房间中挑选了露台比较开阔的“莺鸣”。房内的木休闲椅坐起来非常舒服，电视摆放的位置也不错；冰箱内饮料全都免费，也提供红茶和雀巢咖啡机。房内有加湿器、空气净化器，卧室床头还有负离子加湿器，各类用品完备，连浴袍、毛巾也准备很多给客人备用，想泡几次澡都没问题。

旅馆拥有3个自家源泉，是泉水量丰富的“本物”温泉宿，房间落地窗外就是无屋顶的完全露天浴池，浴槽和露台的设计和安排得宜。云风风硬件设计时尚，家具使用起来也舒适，只可惜房间内部不够宽敞，洗面台区域的空间也稍小。

餐厅和料理，是整间旅馆最吸引人的地方。餐厅天井高，开向狩野川的大片玻璃将自然美景引进室内，开放感让人心旷神怡。我到访时刚好是秋天，窗外一片枫红叶黄层层叠叠，晚上点灯后更美！客人在16米长的柜台并排面窗用餐，除了可边用餐边赏美景，不受其他客人干扰，更可以轻松与厨师互动。以京料理为基础，食材采用伊豆骏河湾的鱼、贝类和伊豆牛肉，总厨师长高梨准一道一道菜为客人详细说明。菜品摆盘精致、优美，味道也让人相当满意。

房间和餐厅的餐点表现上乘，但房间的内部风格，却与近年新开或改装后重新开业的旅馆大同小异，而漂亮的餐厅建筑，更让我不禁想起同在伊豆的老旅馆 Arcana Izu。这里虽然非常舒适，可惜少了点个性和趣味，或许比较适合只想窝在室内的情侣和新婚夫妻吧。

云风风

地址

〒410-3215 静冈县伊豆市月濑 499-1

电话

0558-85-0230

房数

附露天浴池 7 个，不接受小学以下儿童

浴池

无公共浴场

网址

ufufu.co.jp

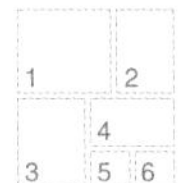

1. 房间的内部风格，与近年新开或改装后重新开业的旅馆大同小异。2. 房间落地窗外就是无屋顶的完全露天浴池，浴槽和露台的设计和安排得宜。不过如果碰到下雨天，就只好戴着斗笠去泡温泉。3. 餐厅和料理，是整个旅馆最吸引人的地方。以京料理为基础，食材采用伊豆骏河湾的鱼贝类和伊豆牛，厨师长一道一道菜为客人详细说明。菜品摆盘精致、优美，味道也让人相当满意。4. 洗面台区域的空间稍小。5. 晚餐结束前，客人还可以从 3 种一夜干（日本传统晾晒方法）的鱼类中为自己的早餐做好选择。6. 早餐的内容与呈现方式也细腻、讲究，令人惊叹。

20 世纪的风华

界·热海 旧名：蓬莱

静冈县·伊豆山温泉

树间透出大海的波光。外廊前丛生的山茶树后，一棵百日红伸着腰肢，将正面海景分为两半。

在小说《泡沫》中，渡边淳一通过主角安艺隆之的眼睛，生动描述了从著名旅馆蓬莱的房间往外眺望的初春景色。蓬莱是热海伊豆山温泉最具地位与代表性的著名旅馆。《泡沫》出版至今二十几年过去了，旅馆窗外的波光树影依旧，但这家有 160 年历史的名宿，却已于 2008 年 11 月成了星野集团的一员，2011 年在星野集团的整合下改名为“界·热海”。

现在的热海早已不复 20 世纪的风华，但位于日本三大古泉之一伊豆山温泉[1]的蓬莱，却一直是少数可以跟俵屋、浅羽楼相提并论的传统日式旅馆。蓬莱的盛名，得归功于当代女将古谷青游女士，她的品位与文化素养备受推崇。日本杂志《和乐》曾在其专题报导“在名宿学习”中，将日本文化简分为陈设、茶道、庭院与建筑四个方面，选出四家在该领域表现最顶尖的旅馆，而蓬莱，正是“陈设之美”的代表。

有了这样的名气与名女将，旅馆当然累积了许多常客与粉丝。久闻蓬莱大名，我一直都把这家旅馆放在必访名单内，却总是没有机会。2008 年，当蓬莱与星野集团携手的消息传出，日本旅馆界与温泉旅馆迷一片哗然，因为这样的决定不但具有指标性的意义，也让我感到相当惋惜——是否，星野时代开启的同时也宣告了传统温泉旅馆之死？是否，我再也没有机会亲身体验那让人传颂的名宿经典？

直至 2013 年春天，我终于得以一偿夙愿造访界・热海，这个渡边淳一笔下的“日本春天最早来访之宿”[2]。旅馆距离热闹的热海车站仅 5 分钟车程，却拥有热海市区少见的葱郁绿意；传统的石迭路与数寄屋式入口前，新添了一个时髦的“冂”字形镶木金属板框，上面写着小小的“界・热海”。这样刻意的新旧并陈或许有其象征意义，可惜美感不足，还显得有些突兀。

一入玄关，迎面是一大盆投入壶型陶瓶的白色樱花，连同樱枝与嫩叶自在伸展。灰白素朴的茶风陶瓶形状略为扭曲，与白樱相映，似要呼应四月晚春却仍“花冷”的气息，深得我心。来到主屋小小的大厅享用迎宾茶点，休息室的落地窗开向占地 10 000 多平方米的斜坡庭院；出自日本设计师之手的轻巧桌椅，为传统的数寄屋氛围点出时髦感，加上一旁整齐靠墙的直背木椅。界・热海的大厅正如想象中的形象：清雅舒适却端正不苟。

沿着围绕一片平坦绿地的户外长廊前往客房，绿地之外就是界・热海迷人的相模湾树林海景。整个旅馆其实是依傍山坡而建，分为七区，大厅是全馆最高处，长廊通往三层楼共 11 间的主馆客房；另一道坡廊则一路往下，先抵达 2003 年增建，由大师隈研吾所设计的公共露天浴池“古古比之泷”[3]。沿走廊再往下走百来个阶梯，是另一个有数十年历史的大众浴池“走汤”，而“走汤”所引用的源泉，正是与之同名的热海名物古泉。两个浴池中间还有位于山腰处的5间离室，以及2013年增设的赏景露台“青海阳台”，阶梯尽头则是最接近海面的别馆 Villa del Sol（设有7个洋式房间）。整个旅馆就建造在落差百米的陡峭山坡上。

全馆各处以阶梯廊道连结，相当考验客人的膝力和脚力。走廊有几处转角保留了无法避开的原生大楠树，美丽的粗厚树干裸露、突出在走廊内，是既大胆又富有趣味的做法。伊豆半岛处处有海景，但其中的热海向来有“东洋那不勒斯”美称，伊豆山也确有南意大利阿玛菲海岸岩壁高低差的风情。地形与建筑的奇巧，正是界·热海有别于其他名宿的特色之一。

由于位于山坡上，本馆最高点的二、三楼房间比山腰的离室更受欢迎，但我此行实在订不到本馆三楼视野最开阔的房间“右近”，只能退而求其次，

1. 房内挂轴上写着“枕波”，传达了女将希望客人虽耳聆潮声但能枕波而眠的心情。不过最高处的本馆其实听不到潮声，反倒是风声非常吵！2. 传统的石迭路与数寄屋式入口前，新添了一个时髦的“ П ”字形镶木金属板框，上面写着小小的“界·热海”。3. 于2012年增设的赏景露台“青海阳台”位于山腰处。4. 房内备品。5. 浴室的空间很大。

选择了二楼景观最佳的大房间“安宅”。窗外摇曳的树枝缝隙间，海面上的初岛若隐若现，那正是旅馆旧名由来的蓬莱仙岛。房内装饰格局维持传统的数寄屋风，但浴室及洗面台部分刚于 2012 年整修过，因此使用起来没有一般老旅馆给人不够方便、舒适的感觉。

晚餐可在房内享用日式料理，或至别馆吃法国菜。多年前从媒体得知的蓬莱形象，料理表现与几家以美食知名的旅馆齐名（如浅羽楼、指月、柊家）。几年来虽听到不少蓬莱的老顾客抱怨星野接手后食事（饭）质量下降的传闻，我还是特别选择了日式料理中价位最高的“最上级料理”。我没有之前的住宿用餐经验，无法比较，不过当晚整顿吃下来觉得菜品表现的确不够出色，符合我对星野集团旅馆餐食的印象。或许，这就是财务重整下不得不做的取舍。

所幸第二天的早餐我选择的是别馆 Villa del Sol 餐厅的西式早餐，量虽少但精致美味。我也趁机好好欣赏了这个改变了蓬莱命运的美丽洋馆建筑。这个已被列为有形文化遗产的明治时代洋馆，原为德川侯爵于 1899 年在东京麻布所建的南葵文库，是日本最早的西式私人图书馆。关东大地震后，南葵文库的书籍被移往东京大学，建筑则于战后转让出去。当年蓬莱的女将本来是被朋友邀去认购屋内古董，没想到她却因惋惜面临拆毁命运的建筑而买下这栋建筑，之后更花了六七年时间对建筑进行修缮、复原，并增建七间面海的洋风客房。Villa del Sol 是界·热海另一大特色——很少有旅馆能在食宿上同时提供纯正的历史和风与洋风体验，也少有旅馆可同时拥有从高处眺望及接近海平面的视野。

只可惜梦幻的 Villa del Sol 完工之际，正是日本泡沫经济崩溃前夕。投入大量资金的 Villa del Sol 收益不如预期，逐渐拖垮了蓬莱的财务状况，种下了日后星野入主之因。不过正因为蓬莱是一家拥有名女将的知名名宿，星野集团对蓬莱也特别礼遇，界·热海是目前星野集团内唯一一家仍保有女将的旅馆。星野集团更借重古谷女士的长才，将集团内的女主管送来向她学习女将文化与精神。

第二天离开前，时年 78 岁的古谷女将亲自来送客。背脊直挺的她清瘦、灵巧，满面笑容但目光锐利，几句寒暄就让我深深体会为何温泉健康大师松田忠德先生会说，蓬莱是唯一会让他产生紧张感的旅馆，好像自己若不抬头挺胸就很丢人。他认为古谷青游女士的女将姿态因堂正的礼仪与态度而“威严及品格兼具”，堪称日本第一。或许因为我这个温泉旅馆迷是女将控，我的确觉得界·热海的服务算是我所住过的星野旅馆中比较好的，那种“有大人在家”监督管理的感受真的很微妙。

蓬莱在《泡沫》中并非化名场景的灵感来源，而是在全书第一章以真名实景呈现的婚外情舞台。渡边淳一对于旅馆的环境及应对合宜的老板娘，都有精确而诗意的描述。然而，当年的美人女将如今已过八十高龄，虽仍在阵前指挥，用心敬业也一如既往，但其实已逐渐转为“门面”，真正的操盘手早就变成了星野集团派来的总经理濑尾光教，以及于2014年底接手上任的濑下翔。为了吸引30岁左右的年轻客层及海外客人，2012年时，旅馆不但投入约3098万元人民币修缮并增设赏景露台，更于2014年开始，每周末晚间增加免费的热海艺伎表演。界·热海，已成功随着时代推演，抛下逐渐凋零老去的常客与历史包袱，进化成摩登的新时代温泉旅馆。

星野出手，让资金困难的老铺得以存续，但我心却怅然，因为名宿中的名宿蓬莱，老板娘“私どもは蓬莱です（我就是蓬莱）”的时代不再。蓬莱传奇，不知是否很快就会像渡边淳一的小说书名一样，如泡沫般消逝于历史洪流的浪涛之中。

注

1 伊豆山温泉的历史超过1200年，与兵库县的有马温泉、爱媛县的道后温泉并列为日本三大古泉（另有一种说法是，三大古泉指有马温泉、道后温泉及和歌山县的白浜温泉）。

2 伊豆半岛南边河津町的早开型樱花，每年于一月下旬就开始绽放，号称日本（本州岛）最早盛开的樱花，因此被称为“樱花最前线”。温暖的伊豆近东京，知名度高，对日本人来说，是一般印象中春天最早到访的地方。

3 特别延请建筑大师隈研吾设计的半露天公共浴池“古古比之泷”，增建于2003年，比传统风格的汤殿“走汤”明亮，温泉池面映照着海天绿树，景色相当美，有浮在森林中的感觉。不过由于山腰腹地极小，“古古比之泷”连更衣冲澡处都在户外，若是冬寒之日使用起来应该会有点冷得受不了！

界・热海

地址

〒 413-0002 静冈县热海市伊豆山 750-6

电话

0570-073-011

房数

和室 16 个（离 5 个）；洋馆 Villa del Sol 7 个

浴池

大浴场 2 个

网址

kai-atami.jp

1.Villa del Sol 是界・热海另一大特色——很少有旅馆能在食宿上同时提供纯正的历史和风与洋风体验，也少有旅馆可同时拥有从高处眺望及接近海平面的视野。2. 别馆的法国餐厅。3. 这个美丽的明治时代洋馆建筑，原为德川侯爵所建的南葵文库，是日本最早的西式私人图书馆，已被列为有形文化遗产。

海天一线中的玻璃屋

ATAMI 海峯楼

静冈县·热海温泉

世界各地坐拥绝景的好旅馆不少，但能以独特手法将风景融入建筑，甚至以建筑“装点”美景，并让人留下深刻印象的，却屈指可数。伊豆半岛热海的 ATAMI 海峯楼，就是一家让造访者惊叹不已的奢华温泉宿。

ATAMI 海峯楼于 2010 年 8 月开业，是热海市区小台地上的一个迷你温泉旅馆，总共只有 4 个房间。虽然旅馆离车站很近，但只要事先预约，旅馆就会派车到热海车站迎接。下车后，你穿过简洁的石墙门面，经由一座玻璃桥通过三层楼高的石壁瀑布，才会抵达旅馆大厅。位于建筑二楼的大厅很小，其实比较像是个只放了沙发的豪宅客厅，旁边连接着以屏风隔开的餐厅区，客厅后方则是一个酒吧。墙壁的面海方向全是落地玻璃窗，视线越过树梢，你就可以看见相模湾。大面积的玻璃窗将如画海景揽入室内，不过伊豆有海景的旅馆多如牛毛，因而至此，还看不出海峯楼有什么过人之处。

大厅旁有较小的和室“爽和”与洋室“尚山”。从大厅入口处沿着洗练时尚的玻璃楼梯往上，就是位于三楼的两个大套房“诚波”和“风科”。走入我此行预订的套房“诚波”，尽管我在杂志和网络上已经看过了无数遍的房间相片，还是忍不住为眼前宽阔的海景发出赞叹！由于比大厅更上层楼，我从整个墙面的玻璃窗望向大海，除了一点点的树梢，几乎没有任何阻碍视线的东西，而房间外侧更以无边际水池来表现日本建筑的缘侧，只觉得水天连成一片，让人感到极度的开放与舒爽。

三楼的两个豪华套房大小与价位相同，但“风科”看出去的右手边有热海街道和其他建筑，“诚波”则因面东可以观赏海平线的日出，又没有其他建筑物挡住视线而胜出。不过若在热海的花火（烟火）季节，可以眺望热海港口的“风科”，才是观赏烟火的首选。

全馆最大的亮点，是“诚波”和“风科”两个套房专用的餐厅 Water Balcony。Water Balcony 从两个房间中间伸向大海，除了天花板和地板以外，全以透明玻璃组成，没有任何墙壁、柱面，即使不透明的地板部分也使用毛玻璃，夜间会从下方打光。白天的 Water Balcony 就像是个浮在海面上的玻璃盒子，只是里面摆了一组透明的餐桌椅；夜里，灯光亮起，椭圆造型的餐厅则像一艘行驶中的光之船。玻璃结合了水、天与随着时间、气候改变的光影，营造出极其迷离、梦幻的效果。

虽然只有 4 个房间，旅馆一楼还是有个中型旅馆规格的公共温泉区，这是整栋建筑内唯一比较有传统温泉旅馆味道的地方。一楼的开放空间中，有一个散置了玻璃艺术品的水池，左边就是大浴场。这里的大浴场虽属室内浴池，但外面有庭院，玻璃落地窗也能打开，因此还是有半露天的开放感。

水池的右手边，则通往海峯楼另一个让人惊叹的空间——大广间（宴会厅）“乐精”。“乐精”在四面透明玻璃墙的现代感室内，以日式纸门围绕出传统的榻榻米宴会空间，宛如玻璃展示柜中的艺术品。这里的金袄纸门由已故狩野派著名画家德力富吉郎描绘，金碧

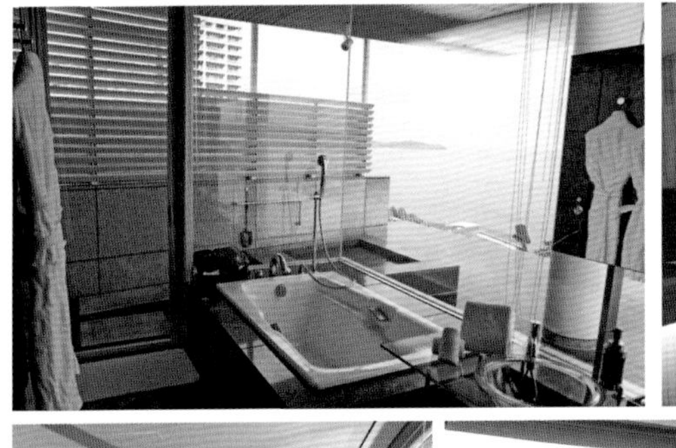

辉煌，一半以蓝绿浪淘为主题，一半绘有翠挺的松树，也可分隔成两间。这个大广间只有在五人以上一同用餐时才会使用，还可请旅馆协助安排热海地区的艺伎前来表演。

让人不解的是，只有4个房间的旅馆，为何在硬件上能有如此大手笔的投资？原来“海峯楼”以前是知名玩具公司万代的企业招待所。在日本泡沫经济的巅峰时期，成功的企业流行以建造豪华招待所来展现霸气与实力，所以当时万代延请了知名建筑师隈研吾设计，不计成本地表现梦幻般的奢华。据说除了满屋子的艺术精品，室内外使用的大理石皆由意大利进口；不但建“楼”于企业迎宾馆云集的热“海”之“峯”，两大套房的名称也从当年的社长山科诚的名字各取一字来命名。建筑完工于1995年，规划与兴建始于日本泡沫经济时期，却可惜完成在公司营运开始走下坡之际。在多年的清算整理之后，“海峯楼”虽然还是万代的资产，但已从2010年起，委托KPG公司（旗下有知名旅馆“热

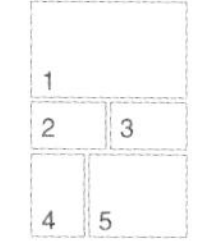

1. 墙壁的面海方向全是落地玻璃窗，视线越过树梢，你就可以看见相模湾。大面积的玻璃窗将如画海景揽入室内。2. 房内浴室、泡温泉时都可以赏海景。3. 玻璃楼梯。4. 一楼的开放空间中，有一个散置了玻璃艺术品的水池。5. 三楼的两个豪华套房大小与价位相同。

FUFU”和“箱根·翠松园”）来经营。由于有此渊源，我们才得以用相当划算的代价，一窥奢华企业招待所的堂奥。

为表现有别于传统女将温馨氛围的高级感，旅馆服务人员以年轻男性为主，他们穿着黑色西装，感觉相当专业，也比较时髦，很像漫画里的黑执事。由训练有素的黑执事服务，在专属自己使用的 Water Balcony 用餐，是住宿海峯楼最特别的经验。料亭等级的怀石料理使用龙虾、鱼翅、京野菜等从日本各地来的最高级食材，使用的器皿均属上乘，摆盘配色优雅，是色、香、味俱佳的飨宴。

虽然三楼的两间套房房价是二楼房间的两倍，但如果来到海峯楼，我建议大家一定要入住套房。也至少要预订在 Water Balcony 吃一餐，享受在玻璃屋用餐。然后你可以在套房享受数着星星入眠，并且第二天躺在床上看日出的极致奢华。

ATAMI 海峯楼

地址

〒413-0005 静冈县热海市春日町 8-33

电话

0557-86-5050

房数

4 个（洋 3 和 1，两大套房附露天按摩浴池）

浴池

个人大浴场 1 个

网址

www.atamikaihourou.jp

1
2 3
4 5 6

1. 餐点精致美味。2. “乐精”在四面透明玻璃墙的现代感室内，再以日式纸门围绕出一个传统的榻榻米宴会空间，宛如玻璃展示柜中的艺术品。3. 有别于传统女将温馨氛围的高级感，服务人员以年轻男性为主，他们穿着黑色西装，感觉相当专业，也比较时髦，很像漫画里的黑执事。4、5、6. 料亭等级的怀石料理使用龙虾、鱼翅、京野菜等从日本各地来的最高级食材，使用的器皿均属上乘，摆盘配色优雅，是色、香、味俱佳的飨宴。

石庭院中的别院

樱冈茶寮 热海石亭别邸 樱冈茶寮

静冈县·热海温泉

这几年，看多了时髦的进化型和洋宿，我忍不住思念起传统温泉旅馆，总觉得“新”虽然带来了舒适与便利，却让整体的住宿经验好像少了些什么。尽管身子泡在一样暖烘烘的温泉里，心中却似乎还是有那么一丝丝寂寞和凉意。少的究竟是什么？是满室榻榻米的蔺草香？是端正的壁龛“床之间”[1]？是禅意的庭院？还是女将的盈盈笑意与殷殷款待？

因这样的心情，2013年的伊豆行，我特别选了热海一家五十年历史的温泉旅馆热海石亭的别邸樱冈茶寮。旅馆的建筑，是以独栋数寄屋的形式散布在日式庭院中，有着中规中矩的室内装饰与配置。旅馆提供正统的京风怀石料理，并强调女将领导下的体贴服务。此外，热海石亭还拥有两项别无分号的传统特色：它是每年承办围棋名人战的场地之一，并有一个庭院能剧舞台，固定请热海艺伎来表演。

我离开热海车站，向南往山边前进，经过热海最早繁荣起来的银座商业街。老式的商店饮食街，似乎把旅行的情绪带回到了昭和时代。热海石亭与别邸樱冈茶寮，分别位于长条形旅馆土地的南与北，从庭院以石隧道相连，各有大门出入口。热海石亭的门面较为宽广，就像一般的传统旅馆，客人一下车即可进入大厅。但“樱冈茶寮”的入口大门却开向往上爬的露天石阶梯，除了木门、绿树和高耸的围墙，第一眼无法看到任何建筑。跟着等候在门口的旅馆人员拾级而上，经过庭院屋廊下一个小小的柜台桌，我才发现樱冈茶寮根本没有门厅。服务人员直接就带领客人进入房间办理入住手续。

全日本有不少家名叫“石亭”的旅馆，由于日文“亭”与“庭”同音，这样的旅馆必然拥有以石头为主角的传统庭院[2]。热海石亭的庭院内石灯笼、石雕、飞石、手水钵、鲤鱼池与庭木等庭院要素齐备，虽不大却富于巧趣。我身着浴衣漫步其间，被优雅怀旧的日式风情完全包围。赏石与赏庭，成了客人住宿这家旅馆的经验中最有意思的地方。

热海石亭占地近10000平方米，分为三区，中间以天桥连接，共有27个房间。另外独自一区的樱冈茶寮占地3000多平方米，内有10个离，围绕着庭院水池和能剧舞台，分散在4栋一到二层的京风数寄屋建筑中。大浴场与商店等公共设施都在热海石亭的范围内，樱冈茶寮的客人可以自由前往使用。因此一入房，仲居小姐就会提供全四区的地图，让客人不至于在如迷宫般的庭院里迷路。

尽管10个离中，有6个附有源泉挂流的房内露天浴池，但对无大浴场不欢的我来说，住宿在比较舒适、私密的别邸，又能有大中型旅馆的公共设施可以使用，真是最理想的情况了。大浴场树木山石围绕，空间广，开放感佳，相当舒适，唯一的小缺点是冲洗区也在户外，寒冬之日必须从更衣室裸身出来冲澡，实在很冷！

1952年开业的热海石亭拥有自己的源泉，初期是个拥有数栋离的别墅型私人俱乐部，因此包括宴会厅和露天大浴场等所有设施，都分散在不同的独立建筑内。由于必须在无顶棚遮蔽的庭院中移动，天气不好时会比较不方便，对年长者也较不理想。

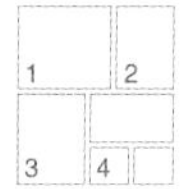

1. 热海石亭与其别邸樱冈茶寮，分别位于长条形旅馆土地的南与北，从庭院以石隧道相连，各有大门出入口。热海石亭的门面较为宽广，就像一般的传统旅馆，客人一下车即可进入大厅。2. 我此行入住的房间“九重”在樱冈茶寮的最深处，离热海石亭的设施比较近，不过若想观赏周末的能剧舞台艺伎表演，正对舞台的房间“夕雾”“高尾”和同栋二楼的“梅川”是最好的选择。3. 浴室台面水槽像厨房水槽，超奇怪！不过因为大，所以很好用。4. 男性大浴场“古狸温泉”建筑是使用超过两百年的东北村屋迁建，里面摆了个象征多子多孙的“金精样”限制级大木雕，不过也只有男性客人有缘一睹。

庭院内还有一个独栋的和风咖啡馆“栖”，虽然享用咖啡、点心要付费，但气氛相当好。咖啡馆二楼还有供客人自由使用的图书室，客人可以在此眺望有“东洋那不勒斯”美称的热海市街风景。号称热海石亭三代传承的“おもてなし（款待之心）”，也深刻表现在厨师长的高超手艺上。晚餐在房内享用，虽无让人印象深刻的高贵食材，但道道精致美味。仲居小姐的服务细腻到位，清甜可口的汤品“若竹椀”上桌时，恰到好处的热度，让我忍不住想象穿着和服的她们，是如何辛苦地手捧餐食，在夜间的庭院飞石上穿梭？

据说樱冈茶寮的房间，都是以江户歌伎命名，加上周末庭院能剧舞台上的艺伎表演，让樱冈茶寮比一般旅馆多了份艳丽风情。除了旅馆建筑稍微老旧之外，这几乎可以说是没什么缺点的传统旅馆经验了！[3] 只不过，度过了一夜只有榻榻米、找不到有脚椅、也没有“掘り炬燵”[4] 的盘腿和爬行时光之后，我怎能不想念床铺和椅子呢？

樱冈茶寮

地址

〒413-0024 静冈县热海市和田町 6-17

电话

0557-81-6123

房数

10 个，附露天浴池 6 个

浴池

露天大浴场 2 个、贷切浴池 2 个。

网址

www.sekitei.co.jp/sakuro

注

1 “床之间”是传统和室的壁龛凹间，通常在其中挂书画并摆设艺术品与鲜花。靠近“床之间”的座位是最上位，“床之间”象征尊贵，比榻榻米地板高的台面不得践踏或摆置杂物。“床之间”旁设有柜子和棚架处称为“床胁”，位于上方的柜子叫“天袋”，下方柜叫“地袋”，中间的棚架称为“違い棚”。

2 日本全国有不少旅馆名字里有“石亭”两字，其中热海石亭的关联旅馆除了别邸樱冈茶寮，还有位于汤河原温泉的“汤河原石亭”和修善寺温泉的“鬼之栖”。

3 2015 年 2 月热海石亭针对大厅及大浴场等部分公共区域进行了改修工程。

4 日式暖桌或被炉，现在通常指和室榻榻米桌下可以伸脚，人不需盘腿或跪坐。

用海洋深层水泡澡

赤泽迎宾馆

静冈县·伊豆高原赤泽温泉

除了有历史有故事的老旅馆，我一向钟情于有个性、有特色的精致小旅宿，因为小规模旅馆亲力亲为的经营模式，与日本人注重细节的民族性最为契合。规模放大之后，即使是追求完美的日本人，也很难将每个细节都做到位。

大型旅馆若想提供高档选择，通常会采取别邸或另设顶级姊妹馆的形式，让客人在拥有精致住宿体验的同时，也得以享受到大型旅馆多样性设施的便利与乐趣，像是长门汤本温泉的大谷山庄的别邸音信，以及伊香保温泉的福一旅馆的旅邸谐畅楼。但顶级旅馆的母公司规模大到涵盖整个温泉乡的，并不多见，最经典的范例就是东北花卷温泉乡的佳松园。而近年才兴起的新式温泉乡中拥有顶级设施的代表，则是伊豆赤泽温泉乡的赤泽迎宾馆。

赤泽温泉乡位于伊豆半岛东部可以望见相模湾海景的高台上，是由知名化妆品品牌DHC集团所投资建设的温泉度假村。DHC集团因缘际会于2001年买下赤泽温泉的一家会员制旅馆后，从此展开近十年打造赤泽温泉乡的事业计划，其间逐步购地增建，开设了赤泽一日温泉馆、花之部屋（美容沙龙）、古泰式按摩、居酒屋赤泽亭等。该旅馆逐渐成为一个设施齐备的休闲胜地。2008年DHC集团取得日本国家认证的海洋深层水开发权，在度假村内成立了海洋深层水研究所，随即开设海洋深层水赤泽SPA馆与海洋深层水展示馆，然后在2009年4月推出集团的顶级温泉旅馆赤泽迎宾馆。

通往赤泽迎宾馆的交通相当方便，从日本国铁的伊豆高原车站出来，就有赤泽温泉乡免费公共汽车站（每半小时一班），只需15分钟即可抵达旅馆。赤泽迎宾馆堂皇的大门颇有日本东北名宿茶寮宗园的气派。不过步入大厅之后，眼前风格却转为细腻、精致，从庭院、建筑到室内都很讲究，不算大的空间中处处都有日本工艺的艺术品装饰，表现的是日本传统的纤纤之美。左手边的墙面上装饰着一大面“京友禅”的织艺。转过灰色御影石墙面，餐厅的开放式厨房就在眼前。御影石与木格组成的墙面上，挂着一幅巨大的螺钿飞雁图，细腻华丽，可以感受到DHC集团打造顶级温泉旅馆的用心。

赤泽迎宾馆共有15间90平方米的客房，光卧室区就有8.5帖[1]，由于造景格局相同，顾客没有选房的困扰。每个房间都有庭院露天浴池，景观整洁舒适，日照、通风良好，且因有屋顶遮蔽，在室外泡温泉也不会受雨天影响。旅馆的整体设计看起来很像箱根的仙乡楼别邸·奥之树树，就设计来看虽没有什么独特之处，但在动线及使用上让人感觉相当舒适、大方。房间露天浴池皆以桧木打造，虽然没有温泉，却注入百分之百汲取自800米深海的海洋深层水，也算是另类的奢华体验。不过最让客人印象深刻的地方，是所有房内提供的全新DHC日用品和保养品统统可以带回家，产品不但种类多、分男女用，还都是正品的大包装，果然是大品牌的手笔！

早、晚餐在餐厅享用，每组客人都有位于大厅二楼的专属包厢。赤泽迎宾馆食材虽选自全国甚至世界各地，但也一定会使用当地产的天然鲷鱼、龙虾，以及伊豆天城的名物新鲜山葵等。餐食五感兼具，整体表现不俗，选用的器皿

讲究，几乎每道菜的食器都让我惊喜，连餐室的装饰也非常细致——用餐单间的下挖式暖炉桌脚下铺有特制软垫，踏起来非常舒服，简直就是皇室级的享受，是我旅游日本多年来第一次看到的贴心设计。

馆内另有专属于赤泽迎宾馆的大浴场两个（各为桧木浴池和石浴池），使用的也都是海洋深层水。除此之外，旅馆隔壁就有赤泽 SPA，只要是赤泽迎宾馆的客人都可以免费享用。赤泽 SPA 二楼提供多项 SPA 疗程，不过最好玩的就是占了整个一楼面积的大型海洋深层水按摩池。客人必须着泳装进入，跟随设定的路线依序前进，利用喷射水流的刺激，一路从脚往上按摩到腰背，绕完一圈大约需要半小时，据说有燃烧脂肪、美肌和消除疲劳的效果。

对于非温泉不欢的客人来说，度假村内还有最早开业的赤泽温泉饭店及赤泽一日温泉馆，里面皆有齐备的温泉空间与设备，住宿赤泽迎宾馆的客人都可以免费使用。我强烈推荐一日温泉馆三和四楼的展望露天浴池，圆弧形的露天浴池宽度超过 20 米，在温泉中享受海、天和温泉连为一体的开放感，堪称泡温泉的顶级享受！

由于事先知道度假村中可以做的事很多，我特地安排了两晚的行程。住宿期间我最喜欢赤泽 SPA 和赤泽一日温泉馆，并各去了两趟，做了一般的美容按摩和泰式按摩各一次。第二天午后在度假村内散步，晚餐后（明明已经吃太饱）再去居酒屋赤泽亭小酌吃烧烤，没想到还是觉得时间不够用。

在 DHC 集团的经营下，赤泽迎宾馆表现抢眼，相较于其他离东京较近的箱根伊豆高档温泉旅馆，性价比颇高。度假村内设施多样，各种年龄层应该都能玩得尽兴，是非常适合全家出游或亲朋好友同游的现代化温泉乡。

1. 赤泽迎宾馆共有 15 间 90 平方米的客房，光卧室区就有 8.5 帖，由于造景格局相同，顾客没有选房的困扰。2. 步入大厅之后，眼前风格却转为细腻、精致，从庭院、建筑到室内都很讲究，不算大的空间中处处都有日本工艺的艺术品装饰，表现的是日本传统的纤纤之美。3. 赤泽迎宾馆堂皇的大门颇有日本东北名宿茶寮宗园的气派。4. 宛若豪宅客厅的沙发之间，摆着一张以漆器做法制作的黑色矮桌，整个桌面光滑平整如镜面般无瑕，映出窗外山水、庭院的绿树、蓝天。

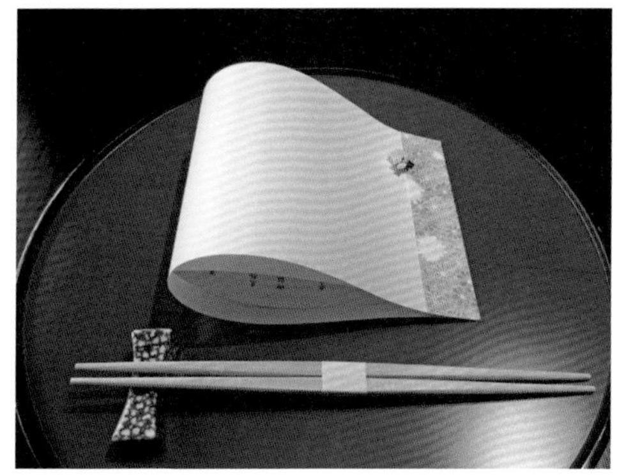

赤泽迎宾馆

地址

〒 413-0232 静冈县伊东市八幡野 1754-114-3

电话

0557-54-2112

房数

15 个，附露天浴池

浴池

大浴场 2 个

网址

top.dhc.co.jp/akazawa/geihinkan

注

1 一帖即一个榻榻米大小。又作“畳”，约合 1.656 平方米。

“赤泽迎宾馆”选用的食器十分精致、美丽，有京烧、福岛会津涂和越前漆器等。

狗狗的游乐园

Le Grand Auberge La Belle Équipe

静冈县・伊豆高原温泉

我对西式的 Auberge 向来兴致不高，会来到 La Belle Équipe，还真的是很特别的缘分。2014 年初，当我在为五月的伊豆旅行上网订旅馆时，正巧看到了 La Belle Équipe 的一张照片：套房外漂亮的木质露台相当宽敞，上面还有躺椅、足汤和大按摩浴缸。忍不住想象着在伊豆高原初夏的凉夜，若能赖在躺椅上或泡在浴池里看星星，也未免太惬意了！

照片中的房间看起来豪华、贵气，只有 4 间房的小小美食名宿，竟然每个房间都是套房，各有阳台和露天按摩浴缸，而且屋内装修风格都不一样。更让我好奇的是，这样华丽风格的名宿竟然欢迎爱犬一同入住，价格还不输给日本顶级的温泉旅馆。

La Belle Équipe位于伊豆高原大室山麓的别墅区。2000多平方米的土地面积上，除了一栋白色洋式建筑，就是一大片绿地的狗狗花园。Owner chef（老板兼主厨）宫越纪充以前是池袋和新横滨王子饭店的主厨。2008年他从东京某大银行手中买下这个原本银行的招待所，针对带狗住宿的客人设计成6间房的名宿，自己也住在这里。几年后，他把旅馆整修改为4间房，于2013年8月重新开业，由于内装豪华升级，从那时起也吸引了不少没带狗的客人。

入房登记手续直接在房内办，有迎宾香槟及精致的水果盘，房间冰箱内的饮料全都免费。我选择的Royal suite是最大的房间，除了阳台上的大按摩浴缸、足汤和休闲椅，还有餐桌椅和专用厨房，供主厨进入房间做桌边服务。一楼餐厅有4张桌，但最大两个房间的客人，可以选择在房内或到餐厅用餐。

晚餐餐桌上摆设雅致，但一张小小的影印菜单看起来有点简陋，短短几行字包括了前菜、汤、鱼、主菜伊豆牛肉

1 2
3
4 5

1. 房内日用品都是欧舒丹的产品。2. 当初就是看到套房外木质露台相当宽敞，上面还有躺椅、足汤和大按摩浴缸，才动念来此住宿。3. La Belle Équipe位于伊豆高原大室山麓的别墅区，拥有2000多平方米的土地，旅馆是一栋白色洋式建筑。4. 刚到房间时可能会有“现场装饰材质远不及相片中高贵”的落差感，不过身为爱狗之人，我可以理解这么做可能是为了清洁的方便，而非节省。5. 卫浴空间。

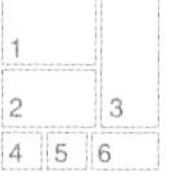

1. 质量讲究的生菜棒的蔬菜来自日本各地，如北海道的胡萝卜、和歌山县的西红柿、长野的橘色水果与西红柿、多汁的九州岛大分县的彩椒，以及又脆又甜、吃起来简直像竹笋的白萝卜。2. 餐厅晚上用黑桌布，早上则换了米白色的桌布，从一些小地方可以感受到主人的用心。3. 一楼公共区的起居室有沙发和火炉，还有免费的棒冰、手工饼干、啤酒、当地酪农牛奶、咖啡牛奶和糖果，客人可以随兴吃到饱。4. 菠菜汤法式蒸蛋，上方有海胆和菠菜碎叶，有很浓的奶香味。海胆几乎焖熟了但不干硬，软度和熟度恰到好处。5. 前菜冷龙虾和蟹脚。下方是龙虾和干贝，中间是生菜丝，上面蟹脚。搭配又冰又脆的生菜和酸甜的酱汁，非常美味爽口。6. 迎宾气泡酒和水果盘相当精致可口，不过因为是采用名宿的经营方式，晚餐时间并不会有服务员入房整理。

和甜点、咖啡，纸张的质量和内容不禁令我对晚餐有点担忧。没想到，前菜是由 4 道相当有分量的冷菜组成，揭开了 La Belle Équipe 住宿经验中最精彩戏码的序幕。

4 道前菜依序为鱼子酱配玉米薄饼、生菜棒、炙真鲷和龙虾蟹脚。生菜棒的蔬菜来自全国各地，食材新鲜、质量讲究。接下来的是马铃薯浓汤加牛肉清汤、可选择浓酱或清酱的石鲈鱼，以及主菜黑松露伊豆牛里脊肉搭配法国新鲜鹅肝。每道菜口感都很有层次，也非常美味，连主菜旁边的马铃薯泥都好吃极了。甜点是草莓汤，上有香草冰淇淋、海绵蛋糕、杏仁脆饼和新鲜水果片，点缀两三颗黑巧克力核桃，葡萄柚的酸苦味配上甜味，恰到好处。

上菜速度掌控得非常好，餐间服务也到位，加上食材、手法都上乘，让我心满意足。不过美食虽豪华、精彩，这里总归是名宿，尽管设施日用品充足，很多事还是得自己来做，服务当然不像高级旅馆那么完美。由于价位很高，刚到房间时可能会有“现场装饰材质远不及照片中高贵”的落差感，不过身为爱狗之人，我可以理解这么做可能是为了清洁的方便，而非节省，因此整体住宿经验到底值不值得这价钱，就要看各人感受了。

一楼公共区的起居室有沙发和火炉，还有免费的冰棍、手工饼干、啤酒、当地酪农牛奶、咖啡牛奶和糖果，客人可以随兴“吃到饱”。馆内还有两个贷切浴池，应该是保留了当年招待所的温泉浴室。带狗的客人去泡温泉时，可以把爱犬放在更衣室内的笼子里。大门旁边有个狗狗的室内乐园，干净又整齐，里面还有好几柜主人收藏的漫画供客人借阅，小桌面上可以看到“宠物当家”的二代犬大介来访的照片喔！狗相关的设施齐备，烘毛机、剪毛室、狗笼、狗尿布和清洁用品等一应俱全。我也养狗，因此对于整栋房子几乎没什么“狗味”这一点，实在很佩服。

第二天客人离开旅馆前，员工帮忙在庭院拍照纪念，并立刻打印送给客人。离开时，La Belle Équipe 还会准备饮料和自制面包，让客人带在路上享用。这些在一般旅馆比较少见的“小动作”，的确能让客人感到相当贴心。

回到东京的第二天，我意外收到了宫越先生寄来的一盒精美饼干与纸卡问候。其实我离开 La Belle Équipe 后转往另一家旅馆，并没有直接回东京，宫越先生怎么会知道我回家的日期？难道他在聊天中有技巧地询问了我的旅游行程？无论如何，这个“追加”的小动作让我留下了深刻的印象，很有加分效果。我想，也只有投注了全部热情的名宿主人，才有办法这样留意细节、事必躬亲吧？

Le Grand Auberge La Belle Équipe

地址

〒 413-0234 静冈县伊东市池 614-153

电话

0557-55-3118

房数

4 个

浴池

贷切浴池 2 个

网址

www.dogauberge.com

人与大自然的相会

Regina Resort 伊豆无邻

旧名：人与自然完美融合的旅馆・无邻

静冈县・伊豆高原温泉

大部分近年开设的顶级温泉旅馆，内部装修多走现在最时髦的新和洋风，不过2006年开业的伊豆高原人与自然完美融合的旅馆・无邻[1]，却有着端正的传统和式风情，这一点让无邻在此波温泉旅馆新潮流中显得相当独特。旅馆名称来自于京都的名园别墅无邻庵，为了打造出传统高尚的古典别墅氛围，才没有盲目跟随潮流。

无邻所在地原本是某知名老百货商店的休养所，无邻的主人接手后改建为只有8个房间的小旅馆，两间特别客房“千寻”和“茜”位于本馆，其余6栋离则分散在8000多平方米的日式庭院内，以叠石小径连接。所有房间都面向相模湾，客人从房间的玻璃窗皆可眺望到蓝天碧海与闪闪波光。但最具代表性的还是本馆二楼的特别客房“千寻”和

1. 每个离室都有绿意包围的露天浴池和宽敞露台。2. 晚餐是京风的伊豆怀石料理，餐具摆盘和味道都不错。3. 从特别客房“千寻”的露天浴池中远眺，前方就是整片伸展向城崎海岸的树林，是无邻最具特色的独有的绝景。4. 晚上餐厅的圆纸灯映在窗上，就像是挂在伊豆大岛上方的超级月亮！ 5. 夜间的“千寻”露台与浴池另有一番风情。

“茜”。“茜”以描绘夕阳的暗红色闻名，除了海景和天城山景，当然还可以看见美丽的晚霞，无邻之“最”，非我选择入住的“千寻”莫属。

“千寻”是十分宽敞的和洋室，大小有 83 平方米，除了 10 帖大的洋室卧房，还有餐室、8 帖的和室、室内桧木浴槽、露天浴池、中庭和月见台[2]。和室有两面大玻璃窗开向木制的月见台，前方就是整片伸展向城崎海岸的树林，还可看见相模湾和伊豆大岛。从露天浴池中远眺，眼前一片美丽树海会随着季节变化色彩，一路向下延伸至海岸线，视线完全不受遮蔽物干扰，这是“千寻”独有的绝景，也是无邻最让人无法抗拒的特色。

离栋的客人早晚餐要移步到本馆的单间料亭“悠悠”，特别客房客人则在房内用餐。晚餐是京风的伊豆怀石料理，食材用料相当大方，鲍鱼、龙虾、海胆的分量都诚意十足，餐具摆盘和味道也还不错，只可惜以整体价位来看的话，味道和精致度还是稍稍不足。不过在房内吃晚餐时，室内外都异常宁静，当窗外天色渐暗，远方伊豆大岛与海交接处灯光闪闪，气氛迥异于白天，真的非常迷人。

旅馆的服务相当用心，一晚住宿期间，老板娘亲自来打了三次招呼。第二天离开时，我才知道原来当天只有我们一组客人，完全包馆，真可说是“无邻”的极致体验啊！

Regina Resort 伊豆无邻

地址

〒 413-0232 静冈县伊东市八幡野 1086-88

电话

0557-54-6111

房数

离 6 个；特别客房 2 个

浴池

无大浴场，每室皆附桧木内浴槽（天城深层水）及露天浴池（挂流热川温泉）

网址

http://murin.regina-resorts.com/sp/

注

1 在东京建物公司旗下的 Resort 管理公司接手经营后，无邻于 2016 年 3 月 7 日重新开业，改名为 Regina Resort 伊豆无邻，变身为可以带爱犬同行的高级温泉旅馆。旅馆硬件维持原貌，但于庭院内增设狗活动场并备有全套各式爱犬用品。相关规定与服务内容请上官网查询。

2 比一般细长形阳台大，可赏月的露台。

迎接海平面第一道曙光

月之兔 绝景离屋·月之兔

静冈县·伊东川奈温泉

究竟是什么样的旅馆，会采用“月之兔”这样童话般的名字呢？

月之兔位于伊豆半岛东部面海的高耸台地上。据说，在月明之夜，从这里可以看到月亮在海平面上挥洒出一条迤逦、闪烁的月光大道，仿佛就是古老物语《竹取物语》[1]中，来到凡间的月仙子辉夜姬奔返月亮之途，但当风强之夜，皎白的月色映在海面上时，汹涌波涛却像极了奔跑中的兔群。当年月之兔的主人不但爱上这样的美景，还立刻有了灵感，想打造一个可以不受干扰的泡温泉赏景的空间。于是，月之兔就像只来自月亮的可爱小仙兔，在伊东海岸悬崖边的竹林中诞生了。

这个只有8个房间的小名宿，在日本温泉旅馆的演变过程中，确实有其代表性。月之兔于2001年底开业时，强调注重客人隐私与单间奢华，舍弃了一般温泉旅馆必备的公共浴场，推出全馆皆独栋的离，而且每个房间都拥有宽广的庭院海景，以及独揽绝景的露天浴池。这儿的每一个房内露天浴池都有中型旅馆公共浴场的规模，空间宽敞又视野开阔，在当时十分罕见。因此，月之兔连续多年横扫媒体版面，成为温泉旅馆迷心目中“一生一定要造访一次”的梦幻旅馆。此外，有别于过去喜欢在旅馆名中用“家”“屋”“庄”“楼”“馆”“亭”等字眼，月之兔的名字源于当地自然景物与古老物语的连结，命名方式相当浪漫、新颖，因此月之兔的出现，似乎也意味着大型日式旅馆所代表的团体旅行与数寄屋时代终将结束。

月之兔所在的伊东川奈富户地区交通不算方便，旅馆又不提供接送服务，所以客人得自己搭出租车前往。旅馆腹地不大，虽为民宅和别墅群所包围，但巧妙地以浓密竹林区隔，因此客人从入口通过虽然很短但伊豆风情十足的竹林小径后，就会抵达幽静的独栋客房区。

房间名称都与月亮有关，由外往内走分别是6间两层式的客房“十日夜”“上弦”“十三夜”“胧月”“十五夜”“月雫”，最里面的两间则是面积略大的平屋（一层式）“良夜”和“月之船”。由于紧临的8间房沿着海岸一字排开，因此庭院格局和所见景致大同小异。各房门前以碎石小路连接，通向一栋长野古民居迁建的正房，正房的一楼有8个提供各房使用的独立餐室，二楼则是公共休憩区及卖店。

我一向不喜欢两层式的客房，但因当日订不到平屋，只好任由旅馆安排了两层式的房间“十日夜”。两层式客房的一楼是客厅和卫浴内浴池，二楼则只有卧室。室内装修采用土墙木梁，呈现较为粗犷朴实的民风。加上空间不算大，用品、备品和环境质量的维护又不十分讲究，因此在触感和整体使用上的感觉不够细腻舒适。还好一楼的落地玻璃窗外，面海的宽广庭院魅力无穷。庭院中央东屋[2]造型的露天浴池走南洋风，与碧海蓝天的美景相当契合。月之兔每一个客房都拥有宽敞的绝景露天浴池，至今还少有旅馆能出其右。

趁着晚餐前夜幕尚未降临，我在下午五点享用了露天浴池。由于庭院前方就是悬崖，眼前只有矮丛杜鹃和稀疏芦苇点缀，海景毫无遮蔽、一览无余。虽然远方因有薄雾而无法看到伊豆大岛，但视线随着展翅飞翔的老鹰在空中游

移，我才发现连白天都可以清楚看到月亮，难怪这儿什么都跟月亮有关！

早、晚餐都在正房中进行。餐桌旁的大玻璃窗带入一方竹林绿意，以美景入菜；窗台上饰着小兔子工艺品，逗趣可爱。伊豆山海物产丰富，月之兔主厨在口味和呈现上的表现不俗，然而比较与众不同的特点，却在于菜单和分量。有别于一般旅馆菜单会清楚写明每道菜所使用的食材，这儿的菜单上只列了优雅的标题，比如前菜是“早春色香”，生鱼片是“深海秘宝”，烤物是“白地黑惠”，醋肴则是“山野融雪”，究竟会吃到什么，一切都得等上菜之后才揭晓。虽然客人多了点期待和猜想的乐趣，仲居小姐的解说工作却变得相当繁重，而且整个晚餐连主菜和水果甜点只有八道，以致于这是我生平第一次住日式旅馆吃晚餐没吃到撑，到茶渍饭出现时，还很意外的想着：“咦？结束了吗？”

注

1 日本最早的物语作品，作者不详。叙述竹取翁从发光的竹中发现女婴辉夜姬并抚育，但长大后美丽的辉夜姬不愿接受5位贵公子与天皇的求婚，最终穿上羽衣飞回月宫。故事中有几个相当浪漫的重要元素如竹子、月亮、兔子等，有不少日本旅馆都喜欢用《竹取物语》作为设计的主题。

2 “东屋（あずまや）”，也写作“四阿”，日本庭院内作眺望或休憩使用的简单建筑物，通常是以四柱加上屋顶，类似于中式庭院中的“亭”。

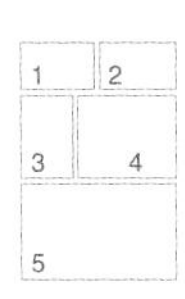

1. 两层式客房的一楼是客厅和卫浴内浴池，二楼则只有卧室。2. 由于旅馆名字叫月之兔，旅馆内到处都有可爱的兔子装饰品，商店内也有很多兔子造型的商品。3. 位于正房的大厅，粗犷的民家风情十足。4. 作为卖店和休憩区的正房二楼其实是原古民居的屋顶夹层，因此可以看到色泽美丽的老木屋梁交错，是相当有趣的空间。5. 从二楼窗户往下望，我才发现草地上剪出了一只兔子的形状，原来“十日夜”的院子虽没有休闲椅，草地上却有独家的兔子图案。

所幸回到房内时，我发现桌上一张小纸卡，上面内容大致是："秘密：我是新手厨师黑泽，没让厨师长知道，偷偷把点心放在冰箱内了。敬请享用，晚安。"这个小趣味，总算让我原本不大满意的胃，不再哀怨。

月之兔的重头戏就是泡温泉！如果不日行三泡，可能会丧失住在这个旅馆的大部分乐趣，因此睡前一汤结束后，最好快快就寝，以免错失在温泉中迎接伊东日出的机会。

第二天早上我五点起床，大约二十分钟后，在露天浴池中迎接了海平面上的第一道曙光。灰蓝的空中，太阳在流云和飞鸟的陪伴下缓缓变化。沉醉在温泉和阳光中，眺望着熠熠生辉的美丽海景，真是幸福！不过，如果早餐的咖啡不要额外加价，房间内的饮料不要这么贵，不要连从房间内点一杯冰块都要收费约 18 元人民币的话，我想我会觉得更幸福！

月之兔

地址

〒 413-0231 静冈县伊东市富户泽向 1299-3

电话

0557-52-0033

房数

离 8 个（二层式客房 6 个；单层客房 2 个）

浴池

无大浴场，每室皆附桧木内汤及庭院石造露天浴池

网址

www.tsuki-u.com

农家大宅的朴趣

无双庵·枇杷

静冈县·西伊豆土肥温泉

近20年来，我一直有收集和阅读日本旅馆相关报道的习惯，买过无数本温泉旅馆书和杂志。其中，西伊豆一家只有8个房间的小旅馆无双庵·枇杷在2005年3月开业之后，报道选取率竟然连续多年名列前茅。这引起了我的兴趣，我立即将之列入造访名单。

照片中的无双庵·枇杷走古民家风，看起来与其他古民居迁建的旅馆并没有太大的差别，因为自从汤布院的无量塔以优美迷人的古民家风打响国内外知名度后，日本旅馆界掀起一股老屋迁建的仿效潮，结果冒出了一堆看起来类似而没有个性的旅馆。一般来说，像无双庵·枇杷这么小的旅馆，由于经济规模不足，除了开业期，不大可能持续投入大量的宣传经费，我因而猜想，这家旅馆能让编辑们持续关注，必然有其与众不同的地方。

无双庵·枇杷位于伊豆西侧海岸中央的土肥地区，旅馆是以日本独有的西伊豆特产白枇杷来命名。此地在历史上虽曾因拥有金矿“土肥金山”而繁荣一时，但现在的土肥港却因无铁道连通、交通不方便，成了伊豆半岛比较安静、少访客的地方。西伊豆向来以骏河湾的夕阳美景知名，这个只能搭车或搭船前往的小渔港温泉由于没有过度开发，反而成了素朴、自然的梦幻度假地点。

我驱车来到无双庵·枇杷时，已是下午4点，一下车就被眼前的骏河湾和土肥港景致吸引——近景是错落的民宅屋顶，远方则有随浪摆动的渔船和忙碌穿梭的渡船，让骏河湾不但是美丽的背景，也成了飞鸟和船只的舞台。

旅馆建在小山丘上，沿着山的斜面以梯田的形式分为三层，第一层是门厅和餐厅所在的正房及4个客房，第二层是另外4个客房，最顶层则是两个免费的贷切露天浴池“河童之跳”和“天狗之瓢”，每一层都可以眺望海湾和港口。正房建筑是收集数间古民居的古材重建而成，黑色厚重的梁柱与灯光下泛黄的稻草土墙形成了颜色上的强烈对比。无双庵·枇杷大厅的气氛温暖、自在，没有过度的设计，也没有做作的姿态。我一进入这里，竟有回到乡下老家般的亲切感。

趁着太阳还没下山，在旅馆人员的建议下，我放下行李，就先前往游步道散步。旅馆占地近2万平方米，后方是自己的山林，约十分钟就可以登上观景台，沿途有竹林、枇杷园和橘子园，请来专任的山林管理员悉心照料，途中也放置了休憩用的长凳，山道入口处还贴心准备了登山手杖。我们刚好赶上夕阳西沉，一片金黄色笼罩着海湾和港口，远眺闪闪波光，真是美极了。可惜天色已晚，不然可以向旅馆借竹篮和铁锹，自由采收当季的山菜水果并免费带回家！像这样让时光倒流三十年的乡居野游之乐，正是无双庵·枇杷最大的魅力。

这里的房间有平屋5间及夹层式3间，每个房间都是离，都有阳台和露天浴池，房内也都有厚重的围炉里（地炉），搭配具有设计感的床、桌椅和沙发。各房间名称的由来是采用当地物产或风景的一个汉字，并依这样的印象来决定墙壁的颜色和家具装饰品，像我的

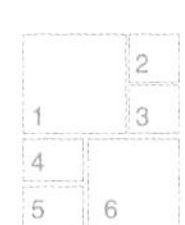

1. 贷切露天浴池“河童之洮”和“天狗之瓢”不需付费，但从入住到晚上 9 点 40 分要预约，晚上 10 点到第二天早上可自由进入（必须锁好门！）。更衣区有无添加的伊豆鲜奶和咖啡牛奶可以喝。2. 蔬菜非常新鲜、香脆，感觉就像是刚从菜园采收的；用来盛装食物的器皿都是可爱的民家风。3. 旅馆沿着山的斜面以梯田的形式分为三层，图为位于最底层的正房。4. 卧室。5. 门厅里摆了 3 个牛车，铺上玻璃当成桌面，分别展售土产、器皿和复古糖果，不需设小卖部就可以做生意，还可以当成怀旧装饰，一举两得。6. 鱼类干物是伊豆的特产，晚餐时服务人员会拿 5 种早餐的鱼干让客人先挑选。

房间“堇”是淡紫色，“笋”是淡黄色，“茜”则是红色。此行是家庭旅行，我总共订了4间房，因此有机会好好做一番比较。阳台的露天浴池都是百分之百的源泉挂流，但每个房间浴池的造型、材质都不同，有御影石、桧木或陶器信乐烧等。由于阳台上的浴池是真正的露天浴池，每天日晒雨淋，因此不妨避开显得老旧的木质浴池。不过订房要指定房间的话，还需加付约200元人民币。

以怀石为基础的创作料理运用伊豆丰饶的山海食材，色、香、味都表现不错，最令人开心的是餐具都超级可爱，每道菜还用不同的竹篓盛装。无双庵・枇杷是个有主题、有个性的旅馆，让我觉得像是住进了乡下“豪农[1]”亲戚家，自家庭院有一整座山可以玩耍，勾起了我的童心与怀旧情绪，对于稍显不够殷勤、到位的服务，也就不这么在意了。

无双庵・枇杷

地址

〒410-3302　静冈县伊豆市土肥259-1

电话

0558-97-3123

房数

8个，附全露天浴池

浴池

贷切露天浴池2个

网址

www.izu-biwa.jp

注

1 在日语中指有钱有势的富农、大地主。

远眺富士山的温泉旅馆

水之里悠·富岳群青

静冈县·西伊豆土肥温泉

只要看到富岳群青的照片，很少人可以不动心。这家旅馆名字旁边常见的小标题“世界遗产·能够眺望富士山的旅馆”，说明了富岳群青的最大卖点，就是拥有可以眺望富士山美景的地理条件。

泡在温泉池中仰望富士山，大概是许多日本人一生最憧憬的温泉旅行。因而，客人住在围绕在富士山方圆一两百千米以内的旅馆、饭店，就算一年365天中，只有几天可以望见富士山模糊的外形，甚至必须伸长了脖子歪着头才能瞄到，多半还是会自豪地拿“可以看见富士山”来说嘴。所以，当一家旅馆可以让客人在露天浴池中，以最舒适的角度欣赏几乎毫无遮蔽的、浮在一片青色壮丽海面上的富士山，随着时间的推移幻化色彩，真可说是最极致的奢华了！为着这样的理由，只有8个房间的水之里恷·富岳群青在2011年开业后，立即成了媒体聚焦的人气温泉旅馆。

富岳群青位于西伊豆土肥温泉南边较为向西突出的台地上，旅馆内的挂流温泉来自于土肥温泉区的八木泽源泉。土肥温泉以骏河湾的夕阳美景知名，原本就有几家不错的旅馆（如无双庵·枇杷），不过由于土肥港有点内缩，所以土肥温泉的旅馆，都无法像富岳群青那样，看见位于伊豆北边的富士山。这个地点数十年前曾是西伊豆中学，据说旅馆的主人西卷信一郎先生在这里念书时，望着雄伟的富士山，就想着将来一定要来这里盖旅馆!

西卷家族在土肥经营小公寓旅馆起家，2002年开了一间精致西式小旅馆星渚[1]，2005年再开无双庵·枇杷，所以2011年7月开始试营运的富岳群青，其实正是无双庵·枇杷的姊妹馆。前一代老板，也就是西卷信一郎先生的父亲西卷贞雄先生，一直梦想能够开一家可以看见富士山的旅馆，但直到2006年，才有机会购入这个从1969年就已废弃的学校。只可惜西卷贞雄先生于2010年初过世，无法亲眼看见代表着一生志向的富岳群青落成，还好有子女继承遗志，再次成功打造出土肥地区最具代表性的旅馆。

前不着村后不着店的富岳群青，其实就是一家现在最流行的“窝居系旅馆”。旅馆设计的基本概念就是，除了吃饭以外，客人进了房间后都不用出来了。正房是从山形县迁建的有300年历史仓库建筑，内部只有1个小会客室，以及8个餐室组成的用餐区。从正房通过户外走廊，两侧是浅盘式的水池，前方就是一字排开的房间，旅馆腹地小，设施更是高雅到不行。不过只要一进入房内，富岳群青的魅力立见。所有房间大小、格局都相同，但装修风格和使用的家具各异，房间的名字取自于从旅馆可以看到的自然景致，如山、海、云、潮等。房内面积约100平方米，加户外平台有130平方米，非常宽敞、舒适，所有房间的落地门窗都开向开阔的木制平台、露天浴池和富士山。

晚餐在正房餐厅内，早餐则可以选择在餐厅或房内享用。厨师长山崎健二“和法融合”的手法细腻而有创意，以法式料理为主，搭配地方食材及和食的做法，使用的器皿非常雅致。晚餐前菜的户田产长手虾，肉质紧实、味道甜美，

1.所有房间的落地门窗都开向开阔的木制平台、露天浴池和富士山。2.晚餐前菜的户田产长手虾，肉质紧实、味道甜美，嫩煎鹅肝搭配产自自家菜园和邻近农家的新鲜生菜沙拉，豪华又美味。3.所有房间大小、格局都相同，但装修风格和使用的家具各异，房间的名字取自从旅馆可以看到的自然景致，如山、海、云、潮等。房内面积约100平方米，加户外平台有130平方米，非常宽敞、舒适。4.会客房后方的挑高空间是餐厅，餐厅通向各餐室的中廊有弯曲的能够发光的座椅，可分段调整组合，也算是个装饰艺术品。两边是各个私人餐室的入口。5.时尚的浴室空间。

嫩煎鹅肝搭配产自自家菜园和邻近农家的新鲜生菜沙拉，豪华又美味。主菜除了富士山牛的牛排外，煎鲷鱼的鱼肉细嫩、外皮脆香，淋上的虾汁非常鲜甜，让我忍不住用面包蘸食。料理，是富岳群青除了富士山绝景之外，最令我惊艳、难忘的地方。

不过，由于富岳群青的价位不低，餐点虽色、香、味俱佳，但也只能说是恰如其分，富士山的美景值不值得花这样的高价，就看个人标准了。相比之下，公共设施的内容尚须充实，服务也有待改进，而贵重价值所在的富士山景，还得看老天赏不赏脸！我抵达当日虽有阳光，但富士山附近云层较厚，完全无法看到富士山，让我相当惋惜。所幸第二天早上拨云见山，让我得以学日本人，腻在温泉中好好的“拜见”了这座线条美丽的名山，虽然朦朦胧胧，也总算不虚此行。

水之里愁・富岳群青

地址

〒410-3303 静冈县伊豆市八木泽 2461-1

电话

0558-99-1111

房数

8 个，全露天浴池附和洋室

浴池

无大浴场

网址

www.fugakugunjo.jp

注

1 “星渚”目前改装歇业中，西卷家经营的公司社旗下旅馆除了无双庵・枇杷、富岳群青，还有 2013 年开业的 BEAUTY & SPA RESORT IZU・托腮时刻。

在露天浴池中，以最舒适的角度欣赏几乎毫无遮蔽的富士山，浮在一片青色的壮丽海面上，随着时间的推移幻化色彩，真可说是最极致的奢华。

与月亮同游

翔月 今晚，飞翔的月亮在天空中游玩

岐阜县・下吕温泉

2015 年 3 月北陆新干线开通，为富山与石川带来巨大的观光商机。过去由于有“日本阿尔卑斯”之称的高山阻隔，想去北陆地区交通并不方便，必须搭乘飞机至石川县的小松机场，或是经由陆路从名古屋“翻山越岭”通过飞驒地区（即岐阜县下吕和高山等地），才有办法前往。

因此，以往去北陆玩的人若走陆路，常会顺道一游飞驒。岐阜和长野一样，是日本少数以山岳为主体的内陆县，县内不论是下吕、高山或是白川村，都有着质朴而独特的山里风情。白川乡与五座山的“人”字形屋顶建筑群，早在 1995 年就被列为世界文化遗产；高山的奥飞驒温泉乡，向来被各类温泉排名尊为西日本的“横纲（总冠军）”；

而在江户时代，日本儒学家林罗山就已将下吕温泉与有马、草津温泉，并称为“天下三大名泉”。

下吕温泉的发现据说已超过千年，不像草津的酸性泉那样刺激性强，也不同于有马的“金泉”是含铁的赤褐色混浊泉，下吕的温泉是无色的碱性单纯泉，质地滑润，因此是一般所公认的“美人汤”。飞驒川两岸旅馆林立，有着热闹的温泉街。人来人往的川边就有知名的混浴公共露天浴池“喷泉池”及3个公共浴场，散步范围内竟还有8个免费足汤，其中4个24小时开放，果然有历史名泉的豪气与姿态。

来到下吕温泉，若想闹中取静，翔月是不错的选择。翔月位于飞驒川西岸的姊妹馆“下吕观光饭店[1]”一旁的高台上，因此得以隔川眺望东岸热闹的温泉街，拥有下吕温泉极致的夜景。

从下吕车站到旅馆只要3分钟车程，事先预约旅馆的话，旅馆就会派车接送，使用的是像英国出租车的黑色小面包车，非常可爱。经过种植着竹林的走廊进入大厅，立刻迎向一大片无接缝的落地玻璃窗，窗外是一个枯山水石庭，以及雄伟的飞驒山。大厅中央还有一个雅致的枯山水小庭院，后方是展示不同花色浴衣的小房间，女性客人可以在此挑选自己喜欢的浴衣带回房间。大厅深处有休息室“醉月”，墙面是飞驒名“左官”[2]挟土秀平所设计的土墙，以渐层变化的土色调来表现地层的意象，搭配了舒适的卡西纳椅，是相当让人愉悦的摩登和风，客人在此可以轻松、自在地聊天、阅读或饮茶。

全馆楼高十层，总共却只有21个设计略异的客房。玄关、大厅和休息室在二楼，一楼是餐厅，三楼是大浴场，四楼开始到十楼才是客房。每层楼只有3个房间，房内面积都超过70平方米，十分宽敞。“翔月”旅馆全名“今宵，天空に游ぶしょうげつ”，有点俳句的味道，意思是“今晚，飞翔的月亮在天空中游玩”，由此就可理解旅馆的设

计主题。所有房间落地窗都面向月亮升起的方向，入夜时，华灯初上的街景在后方山景的衬托下，形成深浅不一的色调，若能有好天气配合，如画的大片玻璃再配上一轮明月，气氛满点，还真叫人诗兴大发呢。

翔月是下吕观光饭店于 1993 年开的别馆，于 2004 年进行整修。房内的装修相当细腻，但毕竟还是从旧楼整修装饰，房间浴室只有一个洗面槽，这是比较不方便的地方。四楼的房间拥有平台和信乐烧的露天浴池，可惜当日无法订到，我只好退而求其次，选择最高楼层的中央房。每层主要分为较大的中央房和两侧边房，21 个房间中部分设有西式床铺，有需要者可以在网站上先查明指定。

早、晚餐都在一楼数寄屋风格的料理茶屋“水琴亭”的独立房间享用。菜品是规矩的会席料理，并无令人惊喜的地方，不过主菜有 3 种部位飞驒牛的陶板烧，这一点让人很开心。比较有趣的

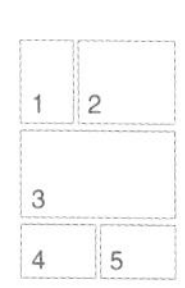

1. 大厅面对露台处放置了很有设计感的小书桌，由于单层面积不大，房数与客人都少，几次进出休息室皆包场，感觉还真像私人豪宅！ 2. 所有房间落地窗都面向月亮升起的方向，也都有舒适的沙发和按摩椅，不过只有少数房间有西式床铺。3. 大厅深处的休息室“醉月”。4. 从本馆到翔月要爬坡（虽然近到不行），两馆间也有古董车造型的红色公共汽车可以搭乘。5. 数寄屋风格的料理茶屋“水琴亭”，从入口处看像浮在水面上。15 个单间不论是名称或装饰，都跟月亮有关。

一道菜是“时令菜与丸药膳杂煮”，其实是鳖的药膳汤，使用白木耳、枸杞、松子、生姜等食材，这种料理方法在日本虽很少见，但由于富含胶质，相当受爱美女性欢迎。

全馆诸多装饰细节都与月亮有关，所以到处都可看到可爱的兔子摆饰，大浴场自然也因此而命名为“竹取物语”。川岸另设有两个需要付费的贷切露天浴池“红叶”和“若叶”，但需由旅馆车接送，比较不方便。此外紧临一旁较低处的本馆外墙有些老旧，从别馆外眺时会看到外墙，是整体印象中比较可惜的地方。

翔月

地址

〒509-2206 岐阜县下吕市幸田 1113

电话

0576-25-7611

房数

21 个（平台露天浴池 3 个，露天浴池 2 个）

浴池

大浴场 2 个，贷切浴池 2 个

网址

www.shougetsu.jp

注

1 “下吕观光饭店”集团旗下有 4 家旅馆，除了在飞驒川西岸的这两家，还有位于下吕温泉街的白桦酒店，以及爱知县知多半岛的海滨翔月。翔月是集团的顶级系列，房数少价位最高。

2 “左官”是日本的泥水匠人，负责墙壁、地板及土墙的制作。

在古民家里围炉

倭乃里

日本旅店 飞驒高山 倭乃里

岐阜县·飞驒位山温泉

20世纪90年代起，日本旅馆吹起一阵“古民家”风，持续了十几年。不少这段时间开业的旅馆都迁建古民居或豪农建筑，再搭配时髦、雅致的内装，形成一种复古时尚。

不过，古民家风情旅宿最密集处，则属中部的高山飞驒地区。这一带地形险峻，高山多而耕地少，无法像其他地区向朝廷进贡稻米或农产，只能上贡木材和优秀的木匠到都城建造宫殿庙宇，因此逐渐打响了“飞驒工匠”的名号。加上交通不便，发展晚，当地得以较完整地保留了纯朴的传统生活样貌，不少旅馆因而拥有原汁原味的古民家建筑。岐阜北边“日本阿尔卑斯”山脉中的倭乃里，就是一家以当地古民家风知名的高档日本旅馆。

倭乃里位于“灵山”位山山麓的宫川畔，是宫川的发源地，从日本国铁高山本线的高山站至此，车程约 20 分钟。穿过马路边的大门，沿着自然林中细长的小径前行，首先来到的是大厅所在的正房本馆。一入玄关，挑高的天井下方，首先映入眼帘的是大面积的“土间[1]”，中央则有个相当巨大的围炉里，旁边堆着薪柴，仿佛是日剧或电影中传统乡间家居生活的场景。

围炉里这种地炉，过去是乡间生活的中心。尤其在寒冷的山国冬日，不论是取暖或炊煮，一天的农事劳动后，全家就是在此起吃饭、喝茶、聊天，而邀请客人围炉欢聚，也是乡下的习惯。难怪日本旅宿达人柏井寿先生会说，围着炉火心情自然就会平静下来，这是存在于日本人骨血里的，而围炉里，正是这种传统生活情绪的最佳象征[2]。

倭乃里拥有近 50 000 平方米的原始森林，总共却只有 8 个客房，房间名称皆与飞驒高山有关。1990 年开业时先有

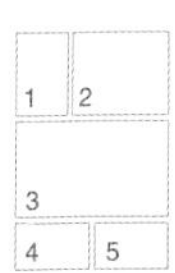

1. 房内都有地暖设备，虽然不像暖气那么闷热，但深秋到初春季节夜里还是会觉得冷，因此每个房间都有附被炉的榻榻米桌，旅馆也会在房内另备小暖炉供客人自行调节使用。2. 我最喜欢的离室“卧龙”是全馆最大房间，满室都充满了日本乡村的怀旧风情与趣味。3. 每栋离的格局设计各不相同，外形也不一样，图为离室“天领”。4. 所有客房的“床之间”的设计和所使用的木材都不一样，所有床柱、床框和板床尽量保留木头的线条纹路，婀娜多姿表情各异。欣赏各房的“床之间”，是我住宿倭乃里的一大乐趣。5. 围炉里的持续烟熏还能达到天然的防虫效果，真是功能性与精神意义兼具。

1. 在炉火旁烤鱼，别有一番朴趣。2. 当地名产飞驒牛，油花肥美。3. 活泼、亲切的女将壁屋直枝女士。4. 所有客人围绕在正房的炉火旁，由一位七十多岁的当地人中岛纪夫先生负责招呼。众人喝着旅馆招待的酒，听热情的中岛先生讲民间故事，看他变魔术，很有在乡下朋友家做客的感觉！ 5. 原本在围炉里烤的河鱼香喷喷的上桌。6. 晚餐最后的主菜有 3 种可以选：茶渍饭、乌龙面或荞麦面。茶渍饭使用的川海苔是当地产的淡水海苔，全日本产量稀少，口感非常特别。

正房的4间客房，都可眺望宫川，来年再迁建4栋离。离栋的格局设计各不相同，外形也不一样。4栋离中较小的两个“位山”“莂安”都是白川合掌造[3]，风情十足的茅葺屋顶是由白川乡的匠人制作维修。面积最大的“卧龙”有超过120年的历史，内有木地板房、榻榻米间和茶室，木地板中央还有围炉里，是相当豪气的民家风。“天领”则是复古洋风，室内红地毯上耸立着需由两人才有办法合抱的粗大梁柱，屋内木材陈设使用当地特有的漆器工艺“春庆涂”[4]涂装，透着光泽的朱红色显得高雅贵气。“天领”是唯一的和洋房，还有个紧临着水车的户外大平台，外眺景致最特别，所以也是全馆价位最高的房间。

本馆四室在房内用餐，离室客人则必须前往本馆的宴会厅单间用餐。料理是以飞驒牛、河鱼、山菜和菇类等飞驒地产为主的“山里会席”，酒肴中还有鹿肉、泥鳅、鳖等少见的山珍。厨师长番明弘先生2012年2月才到任，手法不俗；味道虽然比较清淡，但菜品内容与呈现很有地方特色，也十分美味，尤其各式菇类都非常好吃。

在正房的宴会厅晚餐后，旅馆人员非常“用力”地邀请我们到正房围炉里坐坐，因为盛情难却，我只好答应，没想到这才是住宿倭乃里最让人印象深刻的重头戏。所有客人围绕在正房的炉火旁，由一位70多岁的当地人中岛纪夫先生负责招呼。众人喝着旅馆招待的以青竹筒盛装的热烂酒，听热情的中岛先生讲民间故事，看他变魔术，很有在乡下朋友家做客的感觉！

两个大浴场都在本馆地下一楼，一个是有大片玻璃窗开向自然林的桧木浴池，另一个则是集合巨大岩石打造的岩浴池。倭乃里的温泉是相当罕见的氟泉，而岩浴池中的巨石会释放微量的镭，两者交互作用，据说有增加细胞活化的功效。这里的氟泉原本不能被称为温泉，直至2010年才得到正式认证，登记为“飞驒位山温泉”。

早、晚餐时间女将壁屋直枝女士亲自来打招呼，70多岁的她个性活泼，非常健谈。她每天都一张一张地手写欢迎纸条和餐纸垫，还亲自到山里采摘山菜、为旅馆装点花草。第二天送行时，我才发现她的脚或许因为年纪大与久跪，状况似乎不太好，但她还是非常认真尽责地亲自招呼和送行。她的用心与投入让我非常感动。很难想象倭乃里不是壁屋女士的家族事业，而是由母公司New Osaka Hotel集团所设立，当年由于理念相合，壁屋女士才被业主委以管理的重任。

倭乃里并非现今最流行的摩登和风温泉旅馆，没有西式床铺、沙发和新颖大浴室，住起来当然也不是那么豪华舒适，但工作团队的热情打造出了一个用心经营的特色旅馆。那让人想要层层挖掘的当地乐趣和满满的人情味，最让我怀念。

倭乃里

地址

〒509-3505 岐阜县高山市一之宫町1682

电话

0577-53-2321

房数

8个（离4个，一般客房4个）

浴池

大浴场2个（男女每日交换制）

网址

www.wanosato.com

注

1 室内没有铺设地板的泥土地面。

2 出自《“极致”的日本旅馆》，柏井寿著；光文社出版。

3 合掌造是一种民屋形式，得名于屋顶造型，宛如祈祷的手势。一般日本房屋的屋顶是45度，但合掌造屋顶有60度，让冬日深厚的积雪不易堆积。其他特点为茅草制作的巨大茅葺屋顶，以及兴建过程完全不使用钉子等。

4 “春庆涂”为漆器的一种，通常指岐阜县高山地区所生产的漆器与制法，也称“飞驒春庆”，特点有琥珀色的厚涂透明漆光泽亮丽，以及木胎的木纹明显可见等。

坐看日出海风

御宿 The Earth

观赏暴风雨的旅馆：御宿 The Earth

三重县·鸟羽龙之栖温泉

身为日本第一神社，伊势神宫据说是日本好运能量最强的地方，也是日本人一生一定要前往朝拜的地点。三重县更是日本最知名的龙虾、鲍鱼和牡蛎产地。去伊势神宫参拜，还可以顺路到松阪市大啖松阪牛肉，因而神宫附近珍贵的产地食材，其实与圣地同样吸引人。

多年前我去奈良吉野山赏樱，顺道游伊势时选择了鸟羽市附近的名宿阳光浦岛·悠季之里，硬件方面着实不错，只可惜料理手法比较“纯朴”，因此接下来多年，我都没有兴致再访伊势的念头。直至 2008 年 7 月御宿 The Earth 诞生，我前往伊势游览，总算有了美食美宿可以期待。

2010 年秋我第一次前往御宿 The Earth，没想到车子却开到了阳光浦岛·悠季之里的停车场，让我大吃一惊。一

眼认出前来迎接的和服美女，正是当年悠季之里的女将吉川典子女士，原来御宿 The Earth 是悠季之里的别馆。由于御宿 The Earth 位于伊势志摩国立公园内，新铺设的私人道路狭小、难找，所以一般车都会停在悠季之里，再换乘旅馆专车前往。

在吉川女士的亲自陪伴下，旅馆专车蜿蜒前行于常绿阔叶的原生林中，不一会儿登上一个高点，视线随着大面积的海洋开展，远方较低处的尽头出现了一座埋在葱郁绿意中的小小建筑物，更显大洋壮阔，眼前的景象教人忍不住发出惊叹：那就是御宿 The Earth！吉川女士解释，如今的伊势志摩已难找到盖新旅馆的土地，而当初的原生林中没水没电也没有道路，因此主人吉川胜也先生买地之时，其实是搭船沿着海岸线，从海上选定这个突出的海岬来建造旅馆。

为了保存自古以来的自然之美，近20万平方米的土地只开发了百分之五，住宿于此不但拥有宽阔的海景，还可以

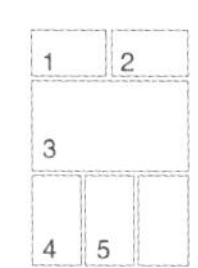

1. 全馆最大房间 101 室“煌月”，户外平台最大，可在露天浴池中看日出。2. 从大堂酒吧“南风”望出去有馆内最美的海平线。“南风”在客人抵达后办理入住手续时是休息室与读书室。晚上关上隔间只留小门，昏黄的灯光加上轻柔的音乐，“南风”又变身为气氛时髦、浪漫的酒吧。3. 旅馆专车蜿蜒前行于常绿阔叶的原生林中，不一会儿登上一个高点，视线随着大面积的海洋展开，远方较低处的尽头出现了一座埋在葱郁绿意中的小小建筑物，更显大洋壮阔。4. 房内准备的水果和点心。据说这里是全日本唯一使用御木本产品做日用品的旅馆。5.“胧之栋”103 室“凛月”房内的露天浴池。

享受真正被日月、波澜与森林包围的自然时光。270度的视野，让远方的海平线呈现出弧形，仿佛可以真实感受到地球的存在，而这里也是本州岛少数会遭台风正面吹击的地方，因此命名为“岚を観る宿 御宿 The Earth”[1]。

御宿 The Earth 的入口以圆形的无顶石墙围绕，通过户外长廊尽头处的厚重铁门后就是旅馆大厅。除了温润的白木梁柱和硅藻土墙壁，全馆凡榻榻米部分都采用正方形的无边琉球叠，整体呈现摩登、时尚的新日宿风格。大堂酒吧是休憩处、吧台和读书室等多用途组合，坐在这里就可以眺望太平洋，但若更上一层楼还有屋顶展望台，上面摆放了躺椅，客人可以在此吹着海风闻着潮香，真正欣赏到海天交接的绝景。据说天气好的时候，一年有数次可以望见富士山。

由于伊势神宫祭祀的是象征太阳的天照大神，面东的鸟羽地区日出因而极为珍贵。不过此地独特的溺湾地形使海岸线太过琐碎、复杂，原本少有旅馆能整年都看到日出，因此突出于海岬之上的御宿 The Earth，可以说是为观赏日出而设计的旅馆，不论是在大厅、餐厅、大浴场及部分客房，全年都可以欣赏到伊势朝日从海平面升起的壮阔景象。

全馆16个客房，共有4栋7种房型，以室内走廊相连，皆备有西式床铺，房内设计都相当理想、舒适。“潮之栋”离海最近，不过最受欢迎的当然是位于会客房下方、可以在房内观赏日出的“胧之栋”101室到103室。101室“煌月”是全馆最大的总统套房，总面积125平方米，拥有最大的露台和露天浴池，躺在床上就可以欣赏日出；102室“苍月”和103室“凛月”则同样是88平方米的 Relaxion Suites。3个房间我都住过，实际比较之后，总统套房当然最为宽敞、舒适，但若只住两人，房内有个6贴（约9.7平方米）和室空间其实根本用不到，因而价格实惠的103室反而胜出。103室的露天浴池两面开放没有遮蔽，在3个房间的露天浴池中视野最广、最适合泡在温泉里赏月看日出，难怪会受到常客欢迎，非常难订。

除了“御潜之栋”的4个房间有厨房，厨师可以到房内服务以外，所有客

餐厅“岚”有个八角形区域可供客人边用餐边赏海景。这区只有两人桌，如果同行人数超过三人要一同用餐，会安排在旁边的单间。食器大量采用九州岛的有田烧，色彩鲜艳、形样大胆，与高品位的摆盘相得益彰，用餐期间几乎每上一道菜我就忍不住要赞美一次，是我对御宿 The Earth 的深刻印象之一。

人的早、晚餐都要到餐厅享用。餐厅就叫“岚”，环境新颖、优美，有个八角形区域可供客人边用餐边赏海景，客人也可以透过开放式厨房的玻璃看见厨师们忙碌工作的姿态。伊势丰富的食材让人期待，御宿 The Earth 的餐点也不会让人失望——不论以伊势为名的日本龙虾（伊势海老）或是供奉给伊势神宫的当地国崎黑鲍鱼，在山川基次厨师长的巧手下，彻底改变了我多年前对当地料理水平的看法。

全旅馆的房间浴池和大浴场都使用百分之百从原生林中挖掘出来的温泉。取名“龙之栖温泉”（意为龙穴），也真是位于神域才有的气势。不过，在伊势神宫天照大神的光芒下，温泉也只能退居配角，担任游人吸收圣地日月精华的导体。美景、美食、美宿加上优质的服务，性价比高的御宿 The Earth 是少数再访也不会腻的好旅馆，值得推荐。

御宿 The Earth

地址

〒 517-0026 三重县鸟羽市石镜町中的山龙之栖

电话

0599-21-8111

房数

16 个，皆附露天浴池

浴池

大浴场 2 个

网址

www.the-earth.in

注

1 日文“岚”为暴风雨之意，旅馆全名就是“观赏暴风雨的旅馆：御宿 The Earth”。据说若遇台风，在御宿 The Earth 观看海上风起云涌甚至狂风暴雨，磅礴惊人的景象也是一绝。

雅乐俱

花紫

忘都之宿・蟋蟀楼

红屋・无何有

辑二

北陆

Hokuriku

图 / 无何有 石川县・加贺温泉乡山代温泉

照片提供 / 無何有

极致的和洋融合

雅乐俱

富山县·神通峡春日温泉

远在北陆富山县的“リバーリトリート雅乐俱”，是一家超越传统范畴，并给人留下深刻印象的好旅馆。“リバーリトリート”是英文 River Retreat 的日文，因此雅乐俱是僻静治愈系旅馆，而非热闹度假村型的旅馆。雅乐俱伫立在富山市郊神通川上游的水坝湖畔，原本是当地一家公司的员工研修度假中心，后由当地专门处理产业废弃物的石崎产业社长买下改建，于 2000 年以创新精品艺术旅馆之姿进军旅馆界。大厅的名牌沙发及色彩鲜艳、时髦的摆设，与落地窗外的青山绿水相映，17 个客房主题风格各不相同。建筑内外不但以艺术品装点，还沿着川畔设计艺术步道。馆内更设置了小美术馆 4th Museum，定期更换展览内容。

有了成功的开始，为了进一步结合温泉、食宿与艺术，追求“极致”的治愈空间，2005年雅乐俱再以表现“数寄屋的细致与本土感”为目标，新建了别馆Annex。别馆请来设计本馆茶室与美术馆的建筑大师内藤广负责规划，增设挑高8米的主要大厅、图书室、和食餐厅“和彩膳所”、SPA和芳疗空间“Rifure”，以及8间大套房。主要大厅的墙面以预制混凝土条块做砌块结构的组积式堆叠，表现日本建筑传统的“校仓风”，框住大面落地玻璃窗外的美景，艺术性强却不抢镜，沉稳、低调地流露日式风情。坐在大厅的卡西纳沙发上欣赏神通峡的春樱秋枫，或是到河畔平台享受山青水碧，都是入住雅乐俱可以留下的美好回忆。

别馆的8间大套房主题内装各有异趣，面积全部都在100平方米以上。几次不同房间体验下来，我最喜欢的房间还是150平方米的111号房“恋华之间”。150平方米的套房共有4间，除了213号房“想红之间”因房内有大按摩浴缸和桑拿房，最多只能入住6人，其他3间都可容纳8人，如此宽敞的空间若只有2人使用，真是奢侈极了！

这个旅馆最让人赞叹之处，在于它全面性的细腻讲究。客人办理入住手续之后，工作人员就会带领客人到大厅一角的柜子前，拉开一层又一层的抽屉，让客人选择自己喜爱花色的浴衣和腰带。这儿提供的浴衣和腰带质量比一般旅馆的浴衣更为精致、美丽，着装难度较高，因此房内有说明书教客人怎么穿，但若觉得实在太困难，还可以请女员工到房内帮忙。温泉设施十分充实，本馆有男、女大浴场，别馆还有设备时髦的Spring Day SPA，内有桑拿炉、蒸汽雾室、碳酸温泉池、按摩浴缸，以及一个可眺望溪流的半露天浴池。如果只住一个晚上，一定会有“没时间体验全部设施”的遗憾。

与旅馆的硬件设施及艺术收藏相比，雅乐俱在料理上的表现也毫不逊色。从2005年增建和食餐厅以后，晚餐就有和、洋两种选择，在当时厨师长松尾佑三的主导下，强调当地季节食材的法式怀石料理十分精彩、美味。2010年起，旅馆特别与米其林知名餐厅合作，和彩膳所·乐味成为京都名店“祇园佐佐木”（京都最难订的餐厅之一）的分店，厨师长木田康夫跟随名厨佐佐木浩20年，尽得真传。或许是环境与呈现方式的关系，印象中和彩膳所乐味的木田剧场，比祇园佐佐木豪气的割烹剧场更

Library

为细腻、雅致。西洋膳所Saveurs的主厨谷口英司，则曾在某位法国三星名厨的餐厅学艺。虽只有25间房规模，却能引进两家如此高水平餐厅的旅馆，大概也只有雅乐俱了。

富山向来就是日本高级食材的宝库，像是楚蟹、寒鰤鱼等，而萤乌贼和白虾，更是富山湾的梦幻食材，若再经由名厨之手表现，那可真是梦幻中的梦幻。可惜的是，木田厨师长在2014年离开这里，回京都开店，和彩膳所·乐味调整过后于2015年1月重新开业，而西洋膳所的谷口主厨则升格为Owner chef，把餐厅改名为L'evo，取法文“进化”之意，企图用富山的当地食材创作出前卫的地方料理。虽然还没机会前往雅乐俱尝鲜。但我从过去的经验知道，雅乐俱是一家一直在变化中求进步的旅馆，因此还是觉得相当放心，这绝对是一家值得推荐给大家的好旅馆。

饭店内的艺术品超过300件，几乎每个角落都有，让人觉得就像住宿在美

1 2
3
4 5 6

1. 大厅的墙面以预制混凝土条块做砌块结构的组积式堆叠，表现日本建筑传统的“校仓风”。2. 我最喜欢的房间是150平方米的111号房“恋华之间”。正如同日本旅馆达人柏井寿先生介绍雅乐俱的文章中所言，“即使住过那么多家旅馆，也很难遇到舒适程度超越111号房的房间”。3.213号房“想红之间”。雅乐俱似乎经常改变房内家具、摆放方式和布沙发的颜色，我每次去，房间好像都有点变化。4.“想红之间”房内的大按摩浴缸。
5. 这儿提供的浴衣和腰带质量比一般旅馆的浴衣更为精致、美丽，着装难度较高，因此房内有说明书教客人怎么穿，但若觉得实在太困难，还可以请女员工到房内帮忙。6. 别馆Annex中的图书室。

雅乐俱

地址

〒939-2224 富山县富山市春日 56-2

电话

076-467-5550

房数

25 个（别馆套房 8 个）

浴池

大浴场 6 个（露天浴池 4 个）

网址

www.garaku.co.jp

术馆内。有日本媒体盛赞雅乐俱有小直岛的味道，不过我个人认为，直岛的 Benesse House 志在展现设计理念，并不以客为尊；若从客人的角度来看，雅乐俱比 Benesse House 更为舒适、有个性，而且更迷人。

1
2
3 4

1. 坐在大厅的卡西纳沙发上欣赏神通峡的春樱秋枫，或是到河畔平台享受山青水碧，都是客人入住雅乐俱可以留下的美好回忆。2. 用餐区。3. 大厅的接待柜台，墙面上的时钟是投影上去的。4. 别馆图书室的一角，放着非常可爱的法式儿童家具。

和纸艺术与光影之舞

花紫

石川县・加贺温泉乡山中温泉

2002年第一次住宿花紫，那么旅行给我留下了深刻、美好的印象。原因有三，第一是泡完顶楼非常棒的公共露天浴池后，休憩区的小冰箱内有免费的养乐多可以自行取用。养乐多虽然不是什么昂贵、稀有的东西，但一般旅馆浴场多半提供茶水或果汁，花紫是我住过第一家提供养乐多的旅馆。不知道为什么，泡完温泉后喝下一瓶冰凉的养乐多，感觉特别甜蜜、舒爽。

第二个原因是，通常没住过的旅馆我不会安排两泊，但那一趟行程关系，我在花紫住了两晚，没想到旅馆菜品非常棒，让我觉得相当满意。由于我们是“连泊”的贵客，厨师长鬼头士郎先生专程到餐厅来打招呼，问我们第二天的晚餐想吃些什么？知道厨师长手艺好，也就大胆地提出了一些要求，包括比较贵重的食材，没想到鬼头先生还真的照单全收，第二天也有求必应，让我们非常感动。

最重要的原因是，花紫的女将山田仲子女士是我见过最美的女将之一，不但面容、身材姣好，气质更是出众，细心、细腻的她带出来的服务人员素质都很高，因而花紫成了我往后走访北陆山中温泉时一定要住一晚的旅馆。

山中温泉位于石川县南部的加贺温泉乡，是发现于1300年前的名泉。临着大圣寺川而建的花紫建于1984年，6000多平方米的建筑面积却只有29个客房，以这样的客房数来说，花紫不论是会客房、大浴场等公共空间，都像大中型旅馆的设施般宽敞，不但可以从每间客房眺望鹤仙溪，房间入口也都有设计优雅的石庭院造景。花紫甚至提供中午12点入住、翌日中午12点退房的服务，是业界少见的“24小时滞在”，让客人可以有充裕的时间游览山中温泉、享用旅馆设施。

鹤仙溪的溪谷美景以奇岩怪石与造型独特的桥梁知名，花紫就位于鹤仙溪下游的黑谷桥畔，从旅馆的每个客房都可以眺望在溪谷衬托下的黑谷桥，春樱夏绿秋枫冬雪，无一不美。俳圣松尾芭蕉在《奥之细道》中，曾盛赞山中温泉为“仅次于有马温泉”的名泉。据说当时松尾芭蕉非常喜欢在这个溪谷散步，在此停留了九天八夜，并写下“山中无人折菊，温泉水香”的诗句。现在的鹤仙溪游步道整理得非常好，上游起点是优雅的桧木造“蟋蟀桥”，中间有缀着大红伞的川床和紫红色的“翻转桥[1]”，经过芭蕉堂后，即抵达终点的黑谷桥，步行时间大约需半小时。

我很喜欢花紫七楼可以眺望鹤仙溪的公共浴场“飘舞”，不论男、女温泉都有桧木内浴池和自然石露天浴池。位于二楼的大浴场“春夏秋雪”则是黑色御影石的内汤，也十分豪华、宽敞，浴场外的和风休息室每天下午3点到6点间还提供果冻口感的梅子凉果。

不过，以往花紫客房全为和式，在这些年温泉旅馆兴起摩登和洋风后，没有西式床铺的纯和风房间似乎逐渐显得

照片提供 / 花紫

照片提供 / 花紫

舒适度不足，公共空间的感觉也比较老旧，所幸旅馆于2005年部分改建，将101、102及201、202四室合并为两室，总房数减为27个。现在的101室“春之一”和201室“夏之一”都是面积约150平方米的大套房，不但有时髦、舒适的客厅、沙发、小厨房，还有宽敞的半露天浴池和室内桑拿，令人开心的是房价定得相当合理。西式风格的201室以西洋壁炉为中心，我比较喜欢以和纸为设计主题的101室，米白色调十分高雅，客厅卧室和浴室都是一般客房的两倍以上大小，宽敞舒适。

客房局部改装之际，三楼的餐厅也做了很大的改变。花紫请来名和纸设计家堀木绘理子[2]操刀，以轻盈、通透的和纸取代厚重的隔间墙，再利用光影让餐厅单间表现出现代和风的美感。加贺自江户以来即以华丽的工艺文化著称，因此食器大量使用当地的九谷烧和山中漆器，非常值得细细赏玩。食材中的新鲜海产品更是来自附近、也是北陆最知名渔港之一的桥立港，不论是春夏的鲍鱼、岩牡蛎、萤乌贼，或是秋冬的加能蟹、寒鰤鱼和带卵甜虾，都是梦幻级的食材，滋味难忘。

1. 虽然总共只有27个客房，花紫却拥有大型旅馆的高档酒吧。晚餐后我们去高档酒吧小酌、唱卡拉OK，包场半小时（因为一直没有其他客人出现），辛苦的工作人员不但帮忙点歌，听我们唱完还要负责鼓掌，非常辛苦。2.201室的内浴池。3. 通往大厅的庭园铺石道路，大块密接的敷石造型非常别致。4. 位于二楼的大浴场“春夏秋雪”是黑色御影石的内汤，十分豪华、宽敞。5. 溪畔的川床。6.201室“夏之一”走西式风格，客厅有壁炉，窗外就是黑谷桥。

我最近一次造访花紫是2015年底，时隔6年，旅馆的硬件方面并没有什么改变，但维护得相当好，令人感动。相较于几年前显得低迷、黯淡的整体气氛，金泽地区拜北陆新干线开通之赐，再次展现了迷人的活力，花紫也多了不少服务人员，气氛忙碌，生机盎然。问起早餐仲居这一年来业绩的成长，她笑得合不拢嘴，虽说不出数字，但比画出一飞冲天的姿势，直感谢新干线带来了关东客，让我也为他们开心。衷心期待如花紫一般的传统好旅馆，都能长长久久，永续经营。

花紫

地址
〒922-0114 石川县加贺市山中温泉东町1丁目17-1
电话
0761-78-0077
房数
27个（和室25个，套房2个）
浴池
大浴场2个
网址
www.hana-mura.com

注

[1] “翻转桥”呈S形翻转扭曲，就像是翻线戏做出来的造型。翻线戏，也称挑棚子，一种用两手挑扭绳子的游戏，可交错拉出不同的花样。此桥由花道草月流家元勅使河原宏先生所设计，色彩和造型都很大胆。

[2] 堀木绘理子出身京都，是知名的和纸设计家，最知名的代表作品是东京六本木中城购物商场挑高空间的和纸装饰。

蟹料理的料亭旅馆

蟋蟀楼 忘都之宿·蟋蟀楼

石川县·加贺温泉乡山中温泉

加贺温泉乡的山中温泉，是个整理得相当美观、整齐的温泉街。山中温泉以源泉所在的山中座、菊汤为中心，往上游方向的热气街道沿途电线都已地下化，两侧有多家餐厅、咖啡厅和纪念品商店。喜欢热闹的游客可沿着马路逛街，欣赏知名的山中涂漆器和九谷烧，或到小店品尝名吃“娘娘馒头”。若想享受静谧，只要往下到溪畔顺着河流旁的游步道走，就可以感受到另一番“山中”风情。

山中温泉有不少知名温泉旅馆，前篇介绍的旅馆花紫位于鹤仙溪下游终点的黑谷桥畔，而上游起点的蟋蟀桥旁，则有一家百年以上历史的小名宿“蟋蟀楼（こおろぎ楼）”。

搭出租车来到山中温泉，车行至热气街道尽头一家颇具规模的日式旅馆篝火吉祥亭前，从温泉街的马路边还无法看到蟋蟀楼，必须从旁边一条窄小的道路下行前往溪边，才能瞧见紧挨着桥头伫立的小小的蟋蟀楼。穿过组子细工[1]的自动门进入明亮、小巧的大厅，在仲居小姐的招呼下入座带着现代感的新颖椅桌，享用迎宾抹茶和点心。2014 年改装的大厅外有木制阳台，不论从大厅或阳台都可望向鹤仙溪，以及全部用桧木打造的蟋蟀桥，景色柔雅、优美，是整个旅馆最有味道的地方。

仅仅 7 个房间的旅馆非常小，总共只有两个面积较大的离，几乎没有什么公共空间，不过走廊的过道和几个端景设计得雅致、用心。我选择的和洋室“结”是全馆最大的离室，另一个离“季”则是面积小一点的和室。房内并不豪华，但客房“结”的阳台露天浴池和桌椅配置得不错，邻着阳台的餐桌区对着溪谷有大片的落地窗，尽揽室外绿意，空间规划合理、舒适。

蟋蟀楼的公共大浴场分男、女室内浴池，不过露天浴池只有一个，故采用男女交换制。大浴场的室内浴池比较小，还好可以在浴池中眺望鹤仙溪，加上我对“结”房间内的露天浴池相当满意，因此虽然 2014 年 7 月旅馆又另外新设了据说鹤仙溪就在眼前的“绝景”贷切露天浴池，我还是没有再额外付费去使用。

旅馆全名“みやこわすれの宿 こおろぎ楼”，其中“みやこわすれ”是忘却都市喧嚣之意，就是希望能让客人远离烦扰。一旁始建于江户时代的蟋蟀桥是山中温泉的象征，历经三次改建。据说最早只是简单的圆木桥，因为相当危险而有了“行路危”（发音同蟋蟀）的名号。另有一种说法是，桥名其实就是来自秋日在溪谷鸣叫的蟋蟀。在无法确定的情况下，现在的桥名一律采用平假名拼音。

蟋蟀楼创立于 1887 年，原本是一家料亭，后来转型为旅馆。现在的蟋蟀楼是以新鲜食材知名的料亭旅馆，身为主厨的旅馆第七代主人寺井先生，是加贺温泉区唯一有资格亲自参与桥立渔港海产品竞标的旅馆经营者。寺井先生最引以为傲的食材，除了冬季的加能蟹，还有夏季由他一尾一尾亲自钓得的香鱼，以及秋季当地采收的野生松茸。

1. 我选择的和洋室“结”是全馆最大的离室，房间在 2011 年改装过，装潢、设备都还相当新。2. 始建于江户时代的蟋蟀桥历经三次改建，是山中温泉的象征；现在的总桧木桥重建于 1990 年，完全保留了改建前的样貌。3.2014 年改装的大厅外有木制阳台，不论从大厅或阳台都可望向鹤仙溪。4. 遇冰收缩的生蟹脚肉呈现开花状，有着半熟的甜美口感，是十分梦幻的美味。5. 大门的组子细工上的花纹是旅馆主人寺井家的家纹。6. 旅馆除了大浴场和走廊、楼梯间之外，几乎没有什么公共空间，不过走廊的过道和几个端景设计得雅致、用心。

晚餐在房内吃，我择寒冬来访，当然是为了桥立港的加能蟹，因此预订了一人一只加能蟹的蟹餐[2]。前菜并不出色，但从生鱼片开始，蓝色桥立港挂牌保证的加能蟹果然美味。吃完一大盘“宝乐烧”[3]的烤蟹之后，又再吃一大盘肉质饱满的烫蟹，实在是太过瘾了！这一顿的螃蟹大小、鲜度与肉质，实在不输印象中的梦幻间人蟹！

席间女将寺井喜美代女士端着自家制红紫苏汁前来致意，还好奇地询问我怎么会知道他们的旅馆。的确，蟋蟀楼是以食材和环境风情为主要诉求的旅馆，菜色表现并不花哨时髦，服务方面走的也并非精致讲究的路线，因而顾客多半属于讲究食材的“食通”，平时很少有外国客人。来到这里或许得以品尝极品食材的原汁原味为目标，而不要对料理精致度或服务排场期待太高，才能感到尽兴满意！

蟋蟀楼

地址

〒922-0128 石川县加贺市山中温泉蟋蟀町 140

电话

0761-78-1117

房数

7 个（离 2 个）

浴池

内浴池大浴场 2 个，露天浴池 1 个，贷切露天浴池 1 个

网址

www.koorogirou.jp

注

1 “组子细工”是一种用榫卯的方法把细木片拼出各种繁复花纹的木工技艺。“组子”是指用来制作纸门骨架或花样的细小木材。

2 日本料理中最常见的螃蟹有鳕场蟹、毛蟹和楚蟹，其中最能代表纤细的日本之味的，当属楚蟹。日本楚蟹渔场分布极广，日本海沿岸及太平洋岸的茨城以北都有，不过以日本海山阴、北近畿到北陆的日本海沿岸渔场所捕获的楚蟹风味、质量最佳，分别依捕获区域称为松叶蟹（兵库、鸟取、岛根及京都北部）、越前蟹（福井）与加能蟹（石川）。桥立港离加贺温泉乡很近，是日本数一数二的楚蟹渔场。

3 “宝乐烧”（日语称“宝楽焼／ほうろくやき”）一般写成“焙烙烧”，是以素陶的浅土锅铺上松叶或盐后，加盖来蒸烤鱼、贝、蔬菜的料理方式。

照片提供 / 无何有

余白生寂境

无何有 红屋·无何有

石川县·加贺温泉乡山代温泉

一棵原本无用的大樗树，在庄子的无何有之乡，则可“不夭斤斧”，供人“逍遥乎寝卧其下”；那么，一家自称“无何有”的旅馆，究竟会有什么样的面貌呢？

红屋·无何有位于日本石川县加贺温泉乡的山代温泉，前身是创立于昭和三年的老旅馆红屋。1996 年，第三代主人中道一成先生主导改建成现在的风貌，20 年来一直是北陆的人气温泉旅馆。只是，以前每当我在杂志上看到红屋·无何有那什么装饰都没有的纯白墙壁、似乎有点空荡无趣的室内，就不禁担忧：会不会是一家假哲学之名，却真的什么都没有的旅馆啊？

我离开热闹的温泉街，登上药师山腰，脚下轻点着石叠路，刚踏入无何有大厅的第一眼印象一如预期，极度低调

照片提供 / 无何有

照片提供 / 无何有

照片提供 / 无何有

照片提供 / 无何有

照片提供 / 无何有

而简素。偌大的空间内，雪白的墙壁和天花板搭配米色地板，连家具都选择了米白的“保护色”。色泽深沉的，只有一个古式暖炉和远方柱面上的一幅画，却一样不醒目也不抢眼。

奇怪的是，如此静谧、无色的空间，却因为从整面大片落地窗涌入的丰沛绿意与光线，而显得活力满溢。坐在大厅享用迎宾的新鲜苹果汁，心情也随着跳动的树叶光影而轻松愉悦。山景庭院内，百年赤松挺立、山樱和枫树错落，就像一幅恣意挥洒的写意画，随着季节、阳光而千变万化。

像这样以自然为中心的极简名宿，还有位于枥木县那须高原的二期俱乐部。不过二期俱乐部的食、宿都以西式风格为主，无何有则是和式现代极简风的先驱。看似不经意，实际上却是细腻、巧妙设计出来的自然氛围，让我不得不佩服名建筑家竹山圣的功力。他把旅馆主人希望馆内能有“葱郁绿意的开放感、人与建筑物都和自然融合”的理想具体实现，引用庄子“虚室生白”的观念打造无何有的环境，让光线、风与绿意在室内自然流动，仿佛也充满了因空而灵的心。无何有历经了20年岁月考验，依然摩登、迷人。

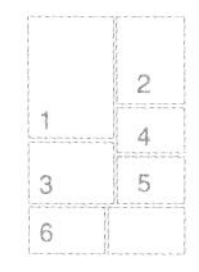

1. 房内一角。2. 入口一旁草丛中小小的透明广告牌，若有似无。3. 虽然旅馆装潢简朴，坐在铺着竹地板的“广缘”藤椅上欣赏窗外景致，感受季节之美，最为惬意。4. 浴衣上的印花图案，有着“白净素简的无何有”花哨的色彩。5. 从“方林”外的木制露台眺望，眼前就是挺拔的百年赤松。6. “庭院”入口处的圆形水池，是设计大师原研哉的作品“蹲”（茶室庭院的石水盆）“方寸”。从水池上方的管子滴下极小的水滴，经过细长的水路通道滴落在巨大的水盘中，最后流入中央方形的小孔而消失；方圆之间，模拟宇宙浩瀚，相当能引人冥想，为庭院平添了不少神秘的治愈效果。

照片提供 / 无何有

我第一次造访时，蓄着小胡子的帅气主人中道先生特地来打招呼，并热情地邀约我于晚餐前到位于山庭中的传统茶室，参加由他亲自主持的日式茶会。由于主人夫妇的外语能力相当好，无何有于2008年加入了世界知名的顶级餐饮旅馆联盟 Relais & Châteaux Group，成为像名旅馆浅羽楼及强罗花坛一样，在国际上具有代表性的日本温泉旅馆。

“无何有”总共只有17个客房，分为和式、洋式、和洋式及面积最大的特别客房4种，室内装饰简朴，但每个房间都有向山上树木借景的露天浴池，是近年来温泉旅馆流行的全客房附露天浴池新风潮的引领者。几次住宿下来，我最喜欢的是2006年重新装饰的特别客房“若紫”，100平方米的空间内，有放着两张床的卧室、和室、铺着竹地板的“广缘”[1]，和摆着长漆桌的起居室，以其一人一泊二食的价格来说，性价比真的是非常高。

唯一带着奢华感的，是主菜中来自当地知名桥立渔港的海鲜和加贺地区的地方蔬菜。于11月解除渔禁日后的秋冬季节来到无何有，可以一享当地知名的加能蟹。平日都享用得到的名吃有独创口味的鸭肉丸锅，使用当地的片野真鸭制成肉丸，加入大量的加贺水菜和烧烤过的葱，汤头浓郁、鸭肉丸滋味甜美，之后再用这集食材精华的汤煮杂炊（稀饭），真是难以言表的幸福美味！

旅馆内最迷人的空间，则是“方林圆庭”。由于山代温泉位于日本知名的灵峰白山地区，是有1300年历史的名泉，加上旅馆所在地原为药师山药王院温泉寺的领地，整个旅馆似乎充满着灵秀之气，因此施术院·圆庭与一般的SPA非常不同，疗程使用白山药草和东洋生药，再现罕见的古传疗方。圆庭入口旁的空间，是一面开向山庭，有着16根柱子的道场“方林”。黑柱、黑地板与白墙形成了强烈的对比，中间放着坐禅用的布垫，给人非常强烈的视觉印象。在这样的空间里，即使只是凝望庭中的赤松，或是远眺夕阳，享受纯粹自我的时光，也能让人感受到身心的彻底解放。

无何有还有一个藏书2000册的图书室，是非常适合连泊两晚以上的温泉旅馆。不论是在旅馆内消磨时光，或是前往山代温泉，甚至到有“小京都”美誉的古都金泽市区观光，都非常理想。

照片提供／无何有

照片提供／无何有

照片提供／无何有

无何有

地址
〒922-0242 石川县加贺市山代温泉55-1-3
电话
0761-77-1340
房数
露天浴池附17个（和室8个、洋室2个、和洋室6个、特别客房1个）
网址
www.mukayu.com

注

1 "广缘"，意指宽广的缘侧。缘侧是日本建筑榻榻米室与室外之间，沿房屋外缘铺设木地板的长条形空间，在室内的称缘侧，在室外则称濡缘（即窄廊）。日式旅馆靠窗边放置沙发椅的位置通常也会称为广缘（即宽廊）。

辑三

信州

Shinshu

虹夕诺牙雅·轻井泽

The Prince Villa 轻井泽

绿霞山宿·藤井庄

桝一客殿

明神馆

界·松本

图 / 虹夕诺雅·轻井泽 长野县·轻井泽星野温泉

自然与人工的完美结合

虹夕诺雅·轻井泽 轻井泽星野温泉

长野县·轻井泽星野温泉

在台湾知名度很高的虹夕诺雅·轻井泽（轻井泽星野温泉）位于长野县的中轻井泽地区[1]，这里的幽静山谷以野鸟著称，美丽的汤川与支流蜿蜒其间。原本从事生丝业的星野家族在此拥有约924 000平方米的广袤土地，1904年第二代掌门人星野嘉助在当时没水没电没道路的山林中挖掘出水量丰富的温泉，进而跨足旅馆业。10年后星野温泉酒店开业，弱碱性的美肌温泉与远离喧嚣的优美自然景观，曾吸引许多文人雅士到访。

不过就在星野温泉开汤百年之际，星野酒店在第四代掌门人星野佳路的擘划下进行了大改造，于是在2005年的夏天，在中轻井泽60 000多平方米的土地上，出现了新型的和风休闲度假村虹夕诺雅·轻井泽。虹夕诺雅·轻井泽颠覆日本传统温泉旅馆形象，以“另一个日本”为主题，77个离风的客房分散于20栋建筑中，如村落家屋般点缀在林间水畔，通过绝美的景观设计呈现森林包围的山谷村落。交错的梯田地貌与瀑布水流再现日本的古代风貌，走在与水路交错的小径上，川音鸟鸣随风袭来，让人宛如置身世外桃源。

虹夕诺雅·轻井泽是日本首度出现的“长住型温泉旅馆”。过去传统温泉旅馆多由家族经营，因资源、人手不足，留传下来不少不变的“规矩”，像是一泊二食、限定办理入住手续和退房手续与用餐的时间等。曾在康奈尔大学攻读旅馆经营硕士的星野佳路结合日本的温泉魅力与世界一流度假村的服务水平，以打造出“世界级的度假村”为目标，大胆打破成规。首先他推翻传统旅馆一泊二食的习惯，要求客人每次订房必须至少两泊（除了一个月内有剩余空房的即期订房），并首创日本温泉旅馆界的“泊食分离”，不但用餐自由度高、感觉上整体费用也降低，增加了客人长住的意愿。此外，虹夕诺雅·轻井泽导入一般旅馆没有的24小时客房服务，让客人可以不受限于固定的用餐时间，享受真正的放松。

为了营造“非日常”的感觉，客人抵达时都要先到入口处的专用建筑物“入住接待所”，欣赏铜制打击乐器的演奏并享用迎宾饮料，在这像是通过结界般的“仪式”之后，再搭乘专用车前往会客房所在的主建筑“集会馆”。主建筑内有柜台、商店及以星野温泉创立者之名命名的日本料理餐厅“嘉助”。在挑高的屋顶下，餐厅“嘉助”顺应着窗外地形落差呈阶梯状，表现的是“川床”[2]的意象，白天庭院的飞石流水和棚田瀑布美景仿佛与室内“栈敷”相连，入夜后餐席上方特别设计的吊灯则如点点星光，十分浪漫。

虹夕诺雅·轻井泽在环境与硬件规划时，请来了景观设计师长谷川浩己做环境景观设计，建筑设计则交由建筑师东利惠负责。我非常喜欢长谷川浩己的设计，不但保留既存地貌与植物，更巧妙利用地形落差、引用河水造景。这里最唯美的情境，莫过于夕暮时分群屋围绕下，工作人员划着小船在水面点起水行灯的画面了。落日余晖逐渐暗淡，对应着水面上漂浮的摇曳火影渐明，如梦似幻。

77个房间共6种形式，但若以所在位置来分，可分为3种：沿川眺望水面的水波房，有庭院的庭路地房，以及建在高台上可以眺望村落的山路地房，每种房间都非常宽敞，有起居室、寝室和可观星赏月的阳台。由于难舍主庭院与水面的美景，我每次都选择价位最高的水波房，不过客房建筑外观虽与环境巧妙结合，但房内装修质感与动线规划却不够细腻、舒适，十分可惜。

或许是为了与既有的温泉设施“蜻蜓温泉”有所区别，关于大浴场虹夕诺雅・轻井泽也有创举。旅馆区内以“光与暗”为主题的“冥想温泉”，是前所未有的神秘浴场空间，企图利用仪式引导、光暗对比的泡温泉体验，达到安静冥想、内心提升的效果。但老实说我去尝鲜一次后就再也不想去了。我没有幽闭恐惧症，但在幽暗的空间内与陌生人共处一点也不愉快，更无法放松。

1 2
3
4 5

1.“风楼”是传统日式高屋顶建筑用以加强通风的设计，应用于客房。在夏季均温20度的轻井泽因而不需冷气空调，在冬季则利用温泉热能采暖。2. 虹夕诺雅・轻井泽邻近的国设野鸟之森占地100公顷，共有约80种鸟类。冬季因树叶掉落较容易看到，观光客也比较少，是鸟迷们最喜欢的赏鸟季节。3. 自然与人工完美融合的环境景观。4.“嘉助”餐厅旁有24小时开放的图书室，摆置了宽大如床的沙发椅并提供免费咖啡、茶和饼干小点心，不想待在房内的客人可以舒适地窝在那里阅读。5. 二楼水波房入口处卫浴及床区间“土间”的木桌椅又小又不舒适，每回想到有着美人靠的阳台小憩，就必须爬上较高的床区、踩过有下挖式暖炉的桌区椅垫才能步上阳台。还有从床区到洗手间或有下挖式暖炉的桌区这些上上下下的动作造成膝盖疲劳，是整体住宿经验美中不足的地方。

为了降低光污染并营造古老村落的怀旧氛围，以对比入夜后过于明亮的现代化都市，入夜后虹夕诺雅·轻井泽整体都采取幽暗的照明。

相较之下，我还是喜欢传统而宽敞明亮的“蜻蜓温泉”，可以搭旅馆车，也可以从房间沿游步道前往。2002年先开业的“蜻蜓温泉”位于旅馆区域外，旁边还有村民食堂及野生自然保护中心，整体是对外开放的当天来回型温泉休闲设施，不过每天早上9点到10点间会保留给虹夕诺雅·轻井泽的客人专用。

餐厅“嘉助”气氛浪漫，可惜夜间灯光过于昏暗，印象中餐食表现不出色，量也不多，当时不免疑惑是否为经营者精打细算下的安排，好让客人回房之后睡前再叫客房服务？近几年“嘉助”在换厨师长后评价似乎比较好，不过我最近一次去“嘉助”时决定选择牛肉涮涮锅，没有再刻意试吃怀石餐。无论如何，虹夕诺雅·轻井泽是发展相当完备方便的旅游地点，“泊食分离”的方式的确给了客人很大的选择空间，因此如果不想在旅馆内用餐，也可以到附近同属星野旗下的法式餐厅“Yukawatan”，或在平价的村民食堂解决，甚至寻访森林中的小餐厅，都相当方便。

虹夕诺雅·轻井泽最出色的地方，除了旅馆范围内迷人的环境景观，还有周围美丽的自然山林，以及经营者数代传承的环保理念。虹夕诺雅·轻井泽利用水力、地热与温泉热能发电，不但供应自身百分之七十以上的能源需求，同时减少了二氧化碳的排放。相当有远见的星野家族前代，早在20世纪即与诗人中西悟堂共同推动生态保护活动，于1974年促成日本最早的国家级赏鸟地区“国设轻井泽野鸟森林”成立，更于1995年起支持野生自然保护中心运作。因此在这里，除了一般度假村常见的活动如骑马、健行，还有丰富多样的生态观察活动，像是赏鸟、赏萤、观察飞鼠等。这些生态观察活动是住宿虹夕诺雅·轻井泽最精彩而不容错过的体验。

为了降低光污染并营造古老村落的怀旧氛围，整体虹夕诺雅·轻井泽都采取幽暗的照明，气氛虽佳，但其山谷地形落差与高高低低的室内规划，在光线不足的情况下，对于长者和孩童都不是很理想。不过这么多年下来，虹夕诺雅·轻井泽仍然是我最喜爱的日本旅馆之一，那自然与人工完美融合的环境景观，不但在访客心中烙下永难忘怀的梦幻画面，也成功为日本温泉旅馆发展历史写下崭新的一页。

注

虹夕诺雅·轻井泽

地址

〒 389-0194 长野县轻井泽町星野

电话

050-3786-0066

房数

77 个

浴池

大浴场 2 个："冥想之汤"与"蜻蜓之汤"（内汤 4 个、露天 2 个）

网址

www.hoshinoyakaruizawa.com

1 轻井泽是因加拿大传教士发现而兴起的避暑胜地，原本就充满着浓浓的西洋风情，因此当地旅馆多属度假型西式饭店，近年来则增加了不少提供法式料理的小旅馆。

2 "川床"即河床，也指只在夏季搭设河床上，用来纳凉、用餐的座席。上方的包厢或座席称为"栈敷"。

王子的别墅宅院

The Prince Villa 轻井泽

长野县・轻井泽矢崎温泉

轻井泽风景秀丽、自然资源丰沛。

现在从新干线轻井泽站南口一出来，即是王子饭店连锁所经营的度假村轻井泽王子度假村，先抵达的是名牌Outlet购物广场，更深入风景优美的森林区内，则有轻井泽王子大饭店东馆、西馆及“轻井泽皇家王子大饭店”[2]，外围有滑雪场、高尔夫球场等多种休闲设施，占地虽广，但以免费循环公共汽车连接，十分方便。区域内还有许多分属于东馆和西馆的独栋小木屋，对于向往但无法在轻井泽拥有私人别墅的日本人来说，是非常理想的度假选择。

正由于王子饭店的所在地过去几乎都是贵族的别墅宅园，因此日本各地的王子旗下饭店，都拥有当地最佳的景致。我几回看到杂志中轻井泽皇家王子大饭店的相片，从大片落地玻璃窗可眺望映着青山绿树的池面，景色非常迷人，虽然十分动心，但一想到建筑设备老旧，大型旅馆人多杂沓，还是不予考虑。不过，2014 年 8 月全新开业的王子饭店系列顶级的 The Prince Villa 轻井泽，却大大扭转了我对王子饭店的印象，不到一年时间，我已经去住过两回。

The Prince Villa 轻井泽共有 20 间独立木屋，不同于东馆、西馆旧有的一层式低矮小木屋（面积约 50 平方米），新 Villa 有 102 平方米的一层木屋（可住 1~6 人）10 栋，以及 129.5 平方米的二层木屋（可住 1~8 人）10 栋，两种都有宽敞而采光良好的客厅与大露台，室内也能感受到开阔的森林气氛。10 栋二层木屋中只有 5 栋附温泉外浴池，各栋间的距离远，住起来很有高级私人别墅的感觉，所以价位最高。木屋内有厨房、冰箱和可坐 8 人的大餐桌。喜欢做菜的人可以自行烹煮；懒得下厨的话，区域内 3 家旅馆共有 13 家各式餐厅，住宿期间餐食选择很丰富、自由。想吃得简单点，可以到购物广场的餐厅或美食街用餐，甚至搭出租车到外面的餐厅也很方便。

不过入住 Villa 最棒的地方，是这儿有专属于 20 栋新 Villa 的中心会所（Center House）。有着欧洲度假木屋风情的中心会所宽敞、舒适，提供免费自助早餐、下午茶和晚上的轻食小点心，食量不大的人甚至光来会所就可以解决三餐。这里使用的食材高级、精致，而且全天免费供应啤酒、日本酒、红白酒及多种无酒精饮料，并有专人服务。中心会所还有只为 Villa 客人服务的礼宾人员，可以接受客人咨询并协助安排各种活动，Villa 客人在度假村内移动也不需要等候循环公共汽车，只要打电话通知中心会所的工作人员，就会有专车接送，享受的是最尊贵的礼遇。

Villa 的订房方式与虹夕诺雅·轻井泽一样，一次必须住两晚以上。以轻井泽观光景点的丰富度来说，就算不购物，不滑雪，不打球，从旧轻井泽、中轻井泽玩到南轻井泽，花三五天也走不完，因此我个人认为这样的游戏规则并不过分，毕竟如此大型的度假村，也需要时间来好好享受。入住 Villa 另外还享有一些贴心服务，像是可以免费使用“森林温泉 & SPA”的硬件设施，免费租用脚踏车、网球场，打保龄球和使用九洞高尔夫球场等。可以住宿在精致、舒适的空间，同时享用大型度假村的各类设施，实在是太棒了！

时髦的虹夕诺雅区域内的地景设计由于高低起伏，夜间光线不足，不适合老人和小孩。两相比较，王子饭店对于家庭和好友旅行较为理想，不论是喜欢购物、运动、还是游山玩水，各年龄层

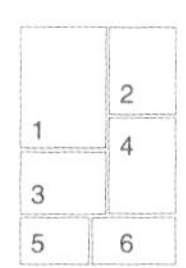

1. 专属于新 Villa 的中心会所，必须使用 Villa 房卡才能进入。2. 两层的 Villa 的外观。3. 新 Villa 中二阶建的三房 Maisonette，特别适合祖孙三代同住。4. 我两次都选择附有温泉外浴池的两层木屋，因为两层楼挑高的客厅区太舒适迷人，而且一楼主卧除了温泉露天浴池，还有大型按摩浴缸，令人难以抗拒。5. 大型按摩浴缸。6. 两层 Villa 的主卧室。

和不同喜好者都能各取所需。对我来说，每天清晨能够在仿如绿海的度假村内散步、呼吸，晚上沐着星光“泡温泉”，之后又能回到如此舒适的“家”，还有什么比这更享受的呢？

流着贵族血液的王子饭店，终于摆脱大型旅馆不够精致的形象，开始提供较接近“王子”级的享受了。只可惜日本离台北太远，否则我一定立马加入会员，隔三岔五时就来个 Long Stay 啊！

The Prince Villa 轻井泽

地址

〒389-0193 长野县北佐久郡轻井泽町轻井泽

电话

026-742-1113

房数

20 个。一层木屋 10 个，二层木屋 5 个，常温泉外浴池的二层木屋 5 个

浴池

免费使用临近的森林温泉 & SPA 馆，内有男女大浴场、露天浴池。

网址

www.princehotels.com/zh-tw/villa-karuizawa

注

1 王子大饭店名称的起源，另有一种说法是，因为现在的天皇明仁当年还是皇太子的时候，就是在轻井泽的网球场上邂逅当今皇后美智子，才展开了这一段让人津津乐道的“王子网球场之恋”，所以命名。

2 轻井泽皇家王子大饭店（ザ・プリンス軽井沢，The Prince Karuizawa）为轻井泽王子度假村（The Prince Grand Resort Karuizawa）中主要的 3 栋旅馆建筑之一，是 1982 年完工的第二栋主建筑，当时称“新馆”。1986 年“西馆”开业后，此栋改称“南馆”。整体度假村休闲设施包括 20 世纪 90 年代建设的购物广场等，历经多年增建改修，拥有面湖大片玻璃窗的“南馆”，于 2007 年改为“轻井泽皇家王子大饭店”（The Prince Karuizawa），与历史最久的“东馆”（原“本馆”）和“西馆”，各名称分别沿用至今。

绝景山宿的一窗绿意

绿霞山宿·藤井庄

长野县·涉温泉乡山田温泉

从长野的小布施搭出租车往东，一路景物皆美。九月虽然还不到枫红季节，但沿途所见，稻米已形成金穗稻浪，苹果树果实累累，还有串串硕大的葡萄。萧瑟秋意未到前，乡间的丰收之美，让微凉的空气中洋溢着浓浓的幸福感。

沿着蜿蜒的松川开车行上坡路，让人自然感受到进入了山区，我想起森鸥外在《道中记》所言，因“足趾渐仰”而知道爬上了山道，不禁莞尔。森鸥外的目的地与我相同，都是信州高山温泉乡中的山田温泉，只不过大文豪一路折腾，自上野搭电车转铁路、马车，在上田过了一夜，再乘人力车到须坂。由于他从须坂想再换乘人力车前往山田温泉时被拒载，不得不央求同路的牵牛老人让他骑上牛背前往。要不是这段意外的“慢旅”，在这篇知名的旅行日记中，关于山道的坡度变化，或许就不会有“足趾渐仰”如此生动的描述。

200多年来一直受到文人墨客喜爱的山田温泉，位于长野县东北部的深山中，正因交通不算太方便，依然保持着秘汤山宿的静谧，至今还是温泉旅馆迷寻觅经典山宿的区域首选。牛背上的森鸥外，一路欣赏美丽的野生植物和飞舞的蜻蜓，直至傍晚才抵达，而我只花了25分钟，就来到了当年也曾接待大文豪的名宿绿霞山宿·藤井庄。

藤井庄创立于江户末期，不过现在的建筑与规模，当然不同于1980年森鸥外所见。虽是钢筋混凝土结构，但外形和内装，皆是传统的数寄屋风格；入口大厅位于最高楼层，旅馆客房则沿着深V形的松川溪谷往下延伸。藤井庄之所以能得到"绝景山宿"美称，最大特色之一，就是在大厅楼层的"山之茶屋"。茶屋内长条形的台面前方，有一整片开向山景的大电动玻璃窗，全长20米，让客人可以边享用茶点边赏景，不论是春樱夏绿或秋枫冬雪，都有如巨大山水画般呈现在眼前。这里的松川溪谷深达百米，正因为这样的高度落差，松川溪谷以瀑布众多知名，其中最值得一看的雷泷（瀑布）离藤井庄只有10分钟车程。旅馆有条幽静的私人散步道，只要10分钟就可以走到潺潺溪边，聆听水音并享受最清新的芬多精浴。

藤井庄以和式房为主，比起近年时髦的新形态和洋房，旅馆维持着传统的风情。藤井庄最吸引人的另一个特点，就是开向美丽山景的阳台。这些延伸向

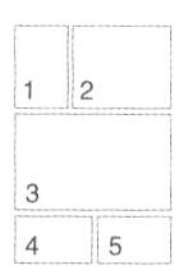

1. 通往步道的门边提供轻便的布布鞋让客人换穿，还摆放了手杖和警告蛇兽用的铃铛，相当贴心。2. 根据1980年森鸥外在《道中记》的记录，当时狭小的温泉街上有7家旅馆，百多年后的今天，也不过增为10家左右，显见没有太多的开发与改变。藤井庄深埋在大自然的绿意中，时见云霞朦胧，故称"绿霞山宿"。3. 客人可在此边享用茶点边赏景。4. "山之茶屋"有一整片开向山景的大电动玻璃窗，眼前飘忽的云霞山岚幻化无穷，其实更像是个24小时无休播放着风景影片的电影院。5. 名菜"PonPon锅"，食材有加奶酪的信州猪肉，鱼丸香菇，苹果，花豆和豆饼，都切成一口大小，竹签成串，交给客人放进特制小油锅自己炸，好吃又好玩，让人印象深刻。

散策路をご利用のお客様へ
動物よけに、
よろしかったら、
この鈴をお持ちくださいませ
藤井屋東兵衛

溪谷的木制月见缘台铺了大红的毛毡毯，上面摆放圆形椅垫和木椅，在一片绿意的映衬下，实在是美极了！旅馆内还有一个只有 4 张椅子的小谈话室，落地玻璃窗开向一方小小庭院，每晚 9 点关闭以前，都放着优美的音乐。谈话室内使用 B & W 的喇叭，音响效果很好，空间虽小，坐在里面却非常舒服。这些能使心情自然沉淀的宁静氛围，让我对于客房内显得比较老式的卫浴空间与设备，也就不这么在意了。

晚餐是“山里会席”，在餐厅“东兵卫茶屋”的单间享用，食材得自周边的山川乡里，口味虽好，精致度当然不能与料亭旅馆相比。不过藤井庄有一道名菜“PonPon 锅”，食材都切成一口大小，竹签成串，交给客人放进特制小油锅自己炸，好吃又好玩，是我住过的旅馆中，少数极具特色、让人印象深刻的独家创意料理。

根据《高山村志》的记载，森鸥外因住宿藤井庄被此地的自然风光深深吸引，曾想请藤井庄分让土地给他盖房子。名宿各有所长，对温泉旅馆爱好者来说，藤井庄最奢华迷人之处，或许就在于能与文豪诗人们，共享数百年不变的治愈与浪漫诗意吧！

绿霞山宿·藤井庄

地址

〒 382-0816 长野县上高井郡高山村大字奥山田 3563

电话

026-242-2711

房数

20 个。本馆三乔亭 12 个，“离”凤山亭 8 个

浴池

男女大浴场、露天浴池

网址

www.fujiiso.co.jp

小镇的栗子香

桝一客殿

长野县 · 小布施

一提到日本的秋天，脑海中首先浮现的，总是色彩斑斓、美不胜收的秋枫和红叶。其实除了赏枫之外，日本人还有许多享受秋天气息的活动，像是赏菊、赏月等，但其中最让人感到幸福与满足的，莫过于亲赴产地、寻访季节食材的味觉之旅了。

在秋日味觉的代表性食材中，松茸虽名列前茅，价格却高不可攀，大概只有栗子才是真正属于全民的秋季美味吧。日本最知名的栗子故乡，是位于长野县的一个小镇——小布施。得天独厚的风土，让这里的栗子又大又甜，在江户时代曾是上献幕府的贡品，因此打响名号。现在的小布施以生产栗子甜点为

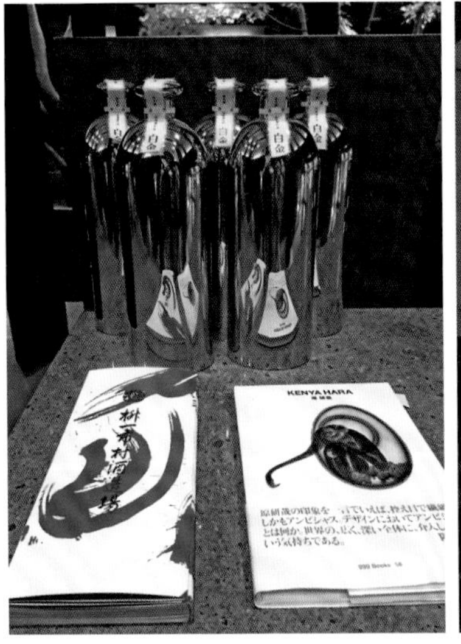

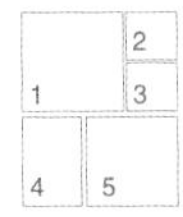

1. 餐厅“藏部”提供的“寄付料理”，与一般旅馆精致、丰盛的会席料理不同，是过去在冬季造酒期间，做给寄居酒厂旁休憩处之造酒“藏人”的简单料理。2. 旅馆内的图书室。3. 藏部中央是开放式的厨房，里面有两个冒着热气的大灶，整体气氛粗犷、阳刚。4. 桝一市村酒造场停产 50 多年的名酒“白金”于 2000 年“复活”，还请来大师原研哉设计酒瓶。5. 书斋型客房。尽管设计感十足，传统仓库墙壁无窗或小窗的限制，却让房间显得幽暗、密闭，尤其是面积最大的起居室型因为窗户最小反而更有压迫感，因此无法适应密闭环境的人若想入住，最好选择附有小院子的书斋型，或有阳台的放松型客房。

主，人口只有一万多，每年却可吸引上百万的观光客来访。

原本小布施镇上几乎没什么可供住宿的地方，然而在2007年，这里却出现了一个概念新颖的国际级旅馆——桝一客殿，旅馆名称和外形虽然传统，但内部却是现代和风的洋式饭店。只有12个房间的桝一客殿之所以是“国际级”，是因为旅馆的设计者乃是设计东京柏悦酒店的名建筑师约翰·莫福德，而旅馆的创立功臣之中，更有一位来自美国的金发美女莎拉·玛丽·卡明斯。

因对日本文化的喜爱，莎拉于1994年加入小布施堂旗下的桝一市村酒造场，两年后成为第一位欧美籍的日本酒品酒师，之后成功说服现任经营者市村次夫把原本小规模的餐厅改建计划大调整，大胆延请约翰·莫福德操刀，期望能在延续传统文化的同时走出新格局。于是藏部这个由部分旧酒厂仓库改建而成的餐厅诞生了，餐厅不但散发着浓浓的传统酒厂风情，也成功跟上了时代的脚步。

莎拉自1998年起担任酒厂董事，在2000年让停产50多年的名酒“白金”复产。市村家超过250年的制酒业原本已几乎被后起的甜点业所取代，幸而在莎拉的协助下，桝一市村酒造场以精致复古、小量生产的方式保留了下来。直至2013年请辞为止，莎拉为小布施町的振兴贡献良多，更将小布施推向全国，甚至于国际舞台。

延续着相同的理念，桝一客殿使用完全西式的现代家具装饰，希望让客人感到舒适与宾至如归，只借由外形与重点装饰，营造出历史酒厂的文化氛围。旅馆的主要建筑是由3栋拆解、迁建过来的旧仓库所组成，黑瓦、黑木、白墙的无色调，让旅馆门面在入夜的照明下，呈现出能剧舞台般的阴翳之美。12间客房从小到大，分为放松型、书斋型和起居室型3种，共同的特色是拥有传统日宿中少见的超大浴室和衣柜间；全透明的玻璃大浴缸和不锈钢材，在昏暗的采光下，流露冷调的现代感和阳刚气。

旅馆内没有餐厅和大浴场，公共空间也不大，所幸巧妙结合利用了整个町区环境。在傍晚时分散步至同集团经营的餐厅“藏部”，品尝早年酒厂提供给制酒“藏人”的豪迈“大皿料理”，浴后至酒吧“鬼场”喝杯招待调酒，沐着晨光到意大利乡土料理餐厅“伞风楼”吃早餐，或到“小布施堂”本店享用各式栗子甜点，全都充满乐趣。

比起旅馆本身，我认为小布施町更值得流连，因此借着一泊住宿来认识这个有着许多故事的小镇，的确十分理想。其实早在莎拉加入之前的20世纪80年代，小布施已经通过多年的传统街区修景规划而脱胎换骨，在文化保存与共同发展优先的共识之下，镇上的居民通过租赁或地权交换整合，让来访者得以看到今天美丽而风格独具的小布施。

虽然当地的自然景观在不同季节各有风情，多数栗子甜点也全年都吃得到，但最令人心向往之的拜访时机，还是9月中旬到10月中旬的栗子产季，不但可以品尝有预约才吃得到的珍贵限定甜点“朱雀”[1]，还有机会品味这个季节才有的小布施圆茄子，以及硕大甜美的巨峰葡萄和新品种的麝香绿葡萄。

以上都收藏进肚子里后，如果觉得胃里还有空间，不妨利用离开前的午餐时间，前往“竹风堂”尝尝远近驰名的“栗强饭（栗子糯米饭）”，饭后再到咖啡厅“栗子树阳台”点一份“樱井甘精堂”的栗子蒙布朗，这样一来，小布施的栗果子御三家就算收集完毕啦！

桝一客殿

地址

〒381-0201 长野县上高井郡小布施町大字小布施815

电话

026-247-1111

房数

12个

浴池

无大浴场及露天浴池

网址

www.kyakuden.jp

注

1 一定要事先预约的“朱雀”，是小布施堂用心打造的顶级栗和果子，可说是日式蒙布朗。由于“朱雀”完全不加砂糖，必须用每天早上送达小布施堂的新鲜栗子制作，因此每年只有在栗子收成的一个月期间才吃得到。每个“朱雀”要用掉十颗栗子，美丽的形状只能维持30分钟，所以都是客人点单送至厨房，才开始用工具挤出如素面（日式面线）般的细栗条，一做好立刻送到客人面前。

八岳山中的一轩宿

明神馆

长野县・松本扉温泉

长野县户隐山间的隐秘温泉“扉温泉”，位于八岳中信高原国定公园的自然山林中，海拔高度1050米。日文汉字的“扉”与中文意思相同，而扉温泉的名称来源，正与“天岩户”的神话故事有关。因此，位于扉温泉的一轩宿[1]明神馆，1931年创业时就是以神明住居之地的概念而命名。

明神馆位于薄川上游，离松本市区仅约40分钟车程，但山路窄险急弯不少，路程并不轻松，旅馆甚至在电信运营商的服务区外，可谓真正的秘汤之宿。不过，2003年改造后的明神馆却顿时声名大噪，成了媒体争相报道的摩登温泉旅馆。分别于2001年、2002年开业的月之兔和箱根吟游引领了附露天浴池客房的风潮，箱根吟游还在日本温泉旅馆中增添了SPA芳疗与巴厘岛的度假村风情。几乎同时历经大改装的明神馆不但拥有这两项新元素，更提出了当时罕见的“地产地消”主张，使用自家农场的有机蔬菜，将食余做成有机肥料，并以液态瓦斯自行发电以减少碳排放，是旅馆界的环保先驱。

然而改造后受到全国瞩目的最主要原因，是明神馆打破了温泉旅馆的主菜传统，不只提供单一的怀石或会席料理，而是在旅馆内部不同的餐厅提供怀石、现代和食及有机法国菜三种晚餐选择。其中较特别的是有机法国菜，采用“延寿饮食法”[2]，强调使用当地水土育成的食材与传统的调理方式。总厨师长田边真宏曾在法国、意大利、西班牙学艺，过去是名宿二期俱乐部的厨师长，现在同时是日本延寿饮食法的顾问和讲师。

不过最令人惊艳的，是随同新馆青龙庵开业的半露天浴场“雪月花”。浴场虽位在室内，但一面无墙开向溪流，同时具备了室内温泉的便利与露天的开放感；温泉池面映出对面白桦树林的树影，丰郁绿意似画般呈现在如镜的水中，伴着下方的潺潺溪谷，浪漫醉人。有类似形式及迷人效果的公共浴池，我记得的只有界·箱根（旧名“樱庵”）的大浴场，不过两者不同处在于，明神馆的浴场“雪月花”最靠近外侧深达一两米。

设计多变化的公共浴场是明神馆的亮点，除了位于青龙庵三楼的“雪月花”和寝汤“空山”，本馆还有传统汤殿“白龙”。馆外溪流旁另有充满野趣的混浴露天浴池，开放时间从日出到晚上11点，虽然多数时间没人，旅馆还是贴心的安排了晚上7点半到8点半给女性专用。

由于当年老铺采取的并非全面性翻修，因而全馆新旧气氛在某些地方有不大协调的落差感，空间分割配置则稍显琐碎。总共45间客房，新旧房型种类相当多，调性各不相同。[3]我入住时选择的是只有4间洋室的青龙庵，房内简单、洗练的木制家具由家具设计师岩仓荣利设计，装修风格走清简风，室内唯一的重点是如壁画般的窗外溪谷景色，感觉有点像同样在2003年开业的二期俱乐部东馆，不过青龙庵客房的舒适度胜出。

1. 明神馆打破了温泉旅馆的主菜传统，不只提供单一的怀石或会席料理，而是在旅馆内部不同的餐厅提供怀石、现代和食及有机法国菜三种晚餐选择。2. 绿意环抱中的半露天浴池“雪月花”，是现在最能代表明神馆的画面。3. 客房浴池之一，窗外就是大自然的山林绿意。4. 融入洋风的会客房采用咖啡色古典厚重的沙发椅，让窗外的绿树更显盎然的生机，满溢室内。

旅馆的公共空间如休息室、谈话室气氛都相当不错，虽然房内冰箱中饮料都要付费，但几个公共区整天都提供免费的自助饮料，如咖啡、花草茶等，还算贴心。明神馆毕竟是山宿，有巧趣但整体细致度稍微不足，不过一向努力求进步的明神馆于2015年春又重新装修，增建了时尚的开放空间露台休憩区。餐厅除了田边总厨师长的法食餐厅“菜”不变，当年让我不够满意的和食餐厅及主厨似乎都跟着新装饰做了调整，还增添了甜点沙龙“Salon 1050”，值得期待。

明神馆或许不适合喜欢高贵食材、精致服务和奢华空间的人，但对于向往山居、崇尚健康蔬食的人来说，在不容易找到素食的日本，可说是相当难得的珠玉之选。

明神馆

地址

〒390-0222 长野县松本市入山边 8967

电话

0263-31-2301

房数

45个；和室27个，洋室18个（附露天浴池7个，附半露天浴池8个）

浴池

男女别附露天浴池大浴场各1个，男女别半露天浴池各2个，混浴露天浴池1个

网址

www.tobira-group.com/myojinkan

注

1 一轩宿即“单独一家”的意思，通常指位在秘汤或交通不便山区的旅馆。一个温泉地只有一家旅馆，附近没有温泉街或商店街，或在广大地区但旅馆间距离遥远。

2 延寿饮食法，是一种以地产蔬食为主的健康饮食法，不使用砂糖和化学调味料，提倡不食用肉、蛋和乳制品，只吃非常小的白身鱼。

3 继2003年新馆青龙庵开业之后，2006年又增加了有大按摩浴缸的211室“山法师”、有碳酸温泉浴池（可促进新陈代谢）的212室“葛城”、有猫足浴缸可以在房内做疗程的311室，以及附半露天的318治愈浴池型房间等。

现代与古典美

界·松本 旧名：贵祥庵

长野县·松本浅间温泉

长野县的松本城是日本的国宝城[1]，其珍贵的天守阁从江户时代保留至今，因此是哈日游客必去的天守阁。绕城一周、爬完五重六层的松本城天守阁后，最能够洗去攻城疲惫的，莫过于一泊二食的温泉美宿了。离松本城不过15分钟车程的松本市街上，就有美原温泉和浅间温泉两个开汤超过千年的历史名泉，其中浅间温泉更是江户时代松本藩的御殿汤。而今安静如民宅区的浅间温泉街中，竟令人感到意外地伫立着一家时髦的名宿建筑界·松本。

界·松本前身是贵祥庵，充满设计感的现代建筑诞生于1999年，出自名家羽深隆雄之手。羽深隆雄最知名的旅馆代表作仙寿庵是摩登和宿的先驱，可惜的是晚仙寿庵两年开业的贵祥庵经营未能圆满成功。因此2006年春天，星野集团接手了营运不良的贵祥庵，并于2011年整合后改名为界・松本。

群马县的仙寿庵建筑物与环境完美结合，是我非常喜爱的温泉旅馆，我曾多次造访，因此2009年深秋，我满怀期待地来到当时尚未改名的贵祥庵。有着奇异圆筒形外观的旅馆建筑，位于看起来像商住混和、毫无温泉街风情的区域内，感觉有点格格不入。大门是个与墙面外观不成比例的低矮小门，通过后沿着有玻璃顶的敷石廊道和小庭院，即进入位于圆筒形建筑内的旅馆大厅。

充满设计感的圆筒形建筑内部就是整个旅馆大厅，挑高的空间乍看像是个西式礼拜堂，气氛则凛然如美术馆，然而江户墨流、云母刷的天然土墙、和纸素材及新潟上越市工匠手制的组子、障子，又让人感受到日本传统工艺之美。

总共26个房间，其中15个有露天浴池，除了几间和洋室，多数房间都是传统的榻榻米房。我住的是位于五楼，全馆最大也是唯一的贵宾室506室“瑞祥”，房内装饰集合了代表旅馆精神的日本传统工艺之“粹”，像是纸门上的江户水影绘画、极度精致的漆桌及纸拉门上的罕见陶瓷门把等，连头顶上的照明灯都有“组子细工”装饰。加起来有22.5帖的两间和室空间与用餐区以外，宽敞的浴室内有桑拿、桧木方形浴池和“樽浴池（桶状）”各一个，加上4个水槽及2个隔墙排排坐的洗手间，十分有趣，但这样的空间设计比较适合多人使用，两个人住实在浪费了。

除了建筑与装饰的设计之美，界・松本比较与众不同的特色在于大浴场。采取男女交换制的两个大浴场“贵天”和“祥云”共有8种13个温泉设施，包括一般大浴场的桧浴池、石浴池和露天浴池，还有寝汤、立汤、木屑浴池、蒸汽室、桑拿等，其中“贵天”还拥有一项日本相当少见的“辐射热温浴”[2]。虽然大浴场的每样设施都十分“小巧”，但在其中泡温泉的客人也可以享受满满的巡游浴池之乐。

然而，我在如此细致、华美的设计名宿中，体验了顶级的房间和“温泉三昧”，界・松本却没有在我心中留下余音绕梁的感受。其中最主要的原因，应是料理表现不符合价位给客人的期待，服务也不够细腻、到位。此外，旅馆所在地风情不足，建筑名家虽为弥补这一点做了不少设计，比如仿茶室精神的入口和二楼的客房、庭院，但这些设计却显得过于刻意与勉强。由于单层面积不够大，房外走廊有些挤，建筑本身的设计与细节又多，没有足够空间，因而未能营造出让宿客放松的愉悦之觉，不知这是否是贵祥庵或者界・松本无法打动人心的原因？

尽管如此，这几年界・松本还是做了一些改变，像是去年有了一位新的女性总厨师长；旅馆还邀请木工名家吉田直树，将一个附庭院露台与露天浴池型的二楼房间，打造成富有当地工艺与音乐文化要素的当地风的房间，希望能营造出当地特色。不知道这些努力能否为美轮美奂的名建筑，增添成为真正的名宿所必需的个性与温度。

界・松本

地址

〒390-0303 长野县松本市浅间温泉 1-31-1

电话

0570-073-011

房数

26 个（附露天浴池 15 个）

浴池

大浴场各 2 个（13 种设施）

网址

kai-matsumoto.jp

注

1 日本有四大国宝城，分别为姬路城 、犬山城、彦根城及松本城。

2 所谓“辐射热温浴”，是在瓷砖铺设的躺椅和墙壁地面下方置入温泉管道，只保持比体温高 1 ~ 1.5 摄氏度，达到让身体从内部逐渐升温、排汗的效果。

1 2
3 4
5 6 7

1. 大门是个与墙面外观不成比例的低矮小门，这样的入口设计是受到茶室与茶庭的启发，希望客人能够通过宛如茶室特有的客用小门及露地石叠，带着仪式感地进入这个非日常的世界，将不搭调的环境抛诸门外。2. 二楼附庭院露台房型外的露天浴池，还算舒适，不过小庭院感觉上是在市区内硬用高墙围出来的，有些勉强。3. 贵宾室“瑞祥”的装饰集合了代表旅馆精神的日本传统工艺之“粹”，若仔细品味，房内几乎每样东西的材质、做工都有可看之处。4. 不论是在走廊、房门口或餐厅，羽深隆雄大量使用精致优美如艺术品的组子作为门片、隔间或装饰。材质使用了桧木、榉木或秋田杉等珍贵木材。5. 有着奇异圆筒形外观的旅馆建筑，位于看起来像商住混合、毫无温泉街风情的区域内，感觉有点格格不入。6. 从房内眺望松本市。7. 圆筒形建筑内的旅馆大厅。

俵屋

柊家

炭屋旅馆

要庵西富家

虹夕诺雅・京都

料亭旅館・安井

文珠庄松露亭

问人旅馆・炭平

有马山丛・御所别墅

图 / 虹夕诺雅・京都 京都府．京都岚山

辑四

近畿

Kinki

老旅馆的极致美感

俵屋

京都府・京都市

京都的“三条大桥”是江户时代东海道五十三次的终（起）点，三条通因而成为近世以来的交通与物流要地，可说是京都最早的商业街，附近聚集了许多批发商店与旅馆。多数京都的历史悠久的名宿初期本业都不是旅馆，而是商家为了方便远道而来的客户，所以代为张罗食宿，没想到宾主尽欢的结果反让住宿成了主业，京都旅馆“御三家”中的俵屋与柊家皆是如此。

“御三家”相互之间的距离非常近。其中，俵屋旅馆创业于宝永年间（1704—1711 年），是京都市内历史最悠久的旅馆之一。俵屋原本是石州滨田（今岛根县滨田市）的和服绸缎批发商在京都的分店。由于当时派驻京都的负责人冈崎和助很会招呼客人，加上家乡的石州藩士来到京都都会住宿于此，于是开始了旅馆的生意。历经时代演变，俵屋成了“老旅馆中的老旅馆”，在日本旅馆界辈分与地位崇高，移居东京的京都王公贵族返乡多会下榻于此，顾客中也有非常多国内外的政经界名人。访过的知名的外国贵宾，就有苹果创办人乔布斯。

俵屋最为人赞扬的，是在历史的淬炼下，旅馆不论建筑、室内、美食与服务，都汇集了京都之美与文化之最。当今的第十一代女主人佐藤年女士品位超卓，不但承继前人，更把俵屋再度推上高峰。现在所见的俵屋两层楼本馆为幕府末年“禁门之变”的火灾后重建的，加上 1965 年由名建筑家吉村顺三设计的三层楼钢筋水泥新馆，共 18 个房间，每个房间的格局设计都不一样，巧妙的安排让所有房间都有庭院景致，整体旅馆建筑已于 1999 年成为“日本国家有形文化遗产”。

虽因年代久远，俵屋其实一直处于大大小小的改建、整修过程中，但在 2005 年到 2006 年间，旅馆根据佐藤年女士的手绘素描设计，进行了较大规模的改装，由数寄屋木工界顶尖的“中村外二工务店”绘图、施工，也顺应时代潮流开始在某些房内加了西式床铺。改装后最受注目的房间有“泉之间”“晓翠庵”，以及建筑家中村好文先生推崇的“竹泉之间”，这些房间的重点都在京都特有的建筑之粹与庭院之美。

有别于一般旅馆建筑的工整格局，中村好文先生以“獾的巢穴”来形容俵屋如迷宫般坐落在走廊尽头或建筑角落的客房，他认为这种如巢穴般的独特布局安静又舒适，能让人产生沉稳的安心感。俵屋的入口不大，客人进来没走几步就需要脱鞋，步入木地板和榻榻米交错的玄关走廊，从玄关可看见走廊尽头有着自然光的中庭天井、围绕天井的回廊，以及延伸向四方的走廊。由于中庭透空，客人得以感受到室外天气与温度，这里成了俵屋以当季花卉呼应季节变化的“展示橱窗”[1]。天井后方是小小的读书室“高丽洞”，但前往读书室必须先钻过一个低矮、昏暗的休息室，“高丽洞”仅仅 6 帖的如茧空间，就因为与开向庭院的半窗绿意的对比，而显得温柔、明亮。这一位于旅馆中央的小小区块，就是俵屋的“心脏”，以雅致的庭院、上品的装饰与讲究的光影，凝缩了日本文化的极致美感。

日本旅馆达人柏井寿先生曾说，俵屋之所以为日本第一，是因为俵屋是一

家由专业团队打造出的旅馆。不只是建筑本身，就连打扫、维护、待客与料理等各个细节，全都由专家，也就是知名匠人合作完成。[2] 从硬件的装饰、改建到日常维护，乃至于庭院、食材、摆设及旅馆独创的备品商品，俵屋都集合了京都，甚至是全日本最顶尖的店家与匠人，因而统筹规划这一切的佐藤年女士，就像一位“完美的指挥家”。佐藤年女士也是一位非常不一样的传统旅馆经营者。虽然她和儿子佐藤守弘每天都在旅馆内指挥调度，但她不像传统女将那般在第一线迎送或服务宾客，因此很少人称她为女将，多称她为店主或女主人。

住宿在日本第一的旅馆，真的是非常美好的经验。我住宿的房间“富士之间”就位于中庭天井旁，是一楼较大的房间，也是当时尚未改装的旧房之一。从房内“床之间”旁顶柜柜门上斑驳的富士山图案，不难感受到房间的“年纪”。坐在手刮木板的“缘侧”，越过“土间”望向精心安排的庭院，美得治愈人心，是房内最能让人感受到名宿精

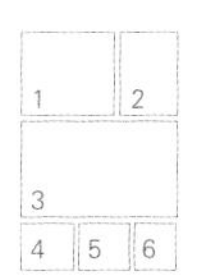

1.“富士之间”连接“缘侧”和庭院的“土间”。2. 从“富士之间”房内“床之间”旁的顶柜柜门上斑驳的富士山图案不难感受到房间的“年纪”。3. 旅馆内我最喜欢的空间是位于二楼的“厄尼斯特书房”，这是佐藤年女士用来纪念先夫摄影家 Y. Ernest Satow 的书斋，里面摆放着佐藤先生生前收藏的书籍与物品。4. 为求美观，走廊角落的灭火器都“穿上”讲究的和纸衣，房内所有家电用品也一概都被“藏”得很好。5. 铺好的床上摆着佐藤年女士设计的柔软棉纱睡衣，触感一流。6. 旅馆正中央的天井中庭，是俵屋呼应四季之美的橱窗。我到访时是二月，全馆花饰以茶花为主。

髓的视线角度。不过旧房的舒适度当然不及一般杂志或名人所介绍的几个新房间，可惜也没有中村好文先生盛赞的带桌椅的下挖式暖炉。

我到访的时间是二月严冬，开放的中庭天井附近走廊和房内浴室都非常非常冷，不论是在旅馆内移动或入浴都不太轻松，这是真正的老数寄屋旅馆常有的情形。本馆走廊的古老木地板有人走过时会发出相当大的声响，虽然很有老旅馆风情，但由于我的房间“富士之间”就在入口、公共区及工作区旁，晚上一直会听到走廊传来的脚步声。入住房型完全不同的旅馆，印象、感受会与实际住的房间有很大的关系，不过由于俵屋的主人对所有房间都十分自豪，因此客人订房时无法选房，只能告知人数然后由旅馆安排。

旅馆内我最喜欢的空间是位于二楼的“厄尼斯特书房”，每天傍晚才开放。这是佐藤女士用来纪念先夫摄影家佐藤善夫[3]的书斋，里面摆放着佐藤先生生前收藏的书籍与物品。虽是整个旅馆最“洋风”的空间，但窗外的草坪庭院却很有意思，一整片的绿意，其实是种在一楼屋顶上的植栽。晚餐前我在这里窝了很久，翻看书籍和享用旅馆提供的免费茶点，但耐人寻味的是当天旅馆全满，我却完全没有见到其他客人，的确与俵屋的客人之间不大容易打照面的传闻相符。至于究竟是硬件、动线设计完美使然，还是这一群顶尖的旅馆服务人员真有着被称颂不已的神秘安排魔法，就不得而知了。

注

1 俵屋每个月都会因应季节变化更换馆内公共空间和客房的摆饰与挂饰，除鲜花以外几乎都是真品和古董，有如美术馆般讲究。正月期间京都料亭、旅馆都会采用的红白饼花装饰，并非自古以来的习惯，其实是始于品位备受推崇的佐藤女士数十年前的想法。

2 老旅馆是传统文化的缩影，匠人技的展现舞台。除了负责修缮、改造建筑的“中村外二工务店”，与俵屋合作的都是京都顶尖的厂商与匠人，像是“井居叠店”的榻榻米、“静好堂中岛”的纸门和纸、“平田翠帘商店”的竹帘、“明贯造园”的园艺等，欣赏、体验俵屋之美，是住宿俵屋最重要的目的与收获。

3 佐藤年女士的丈夫佐藤善夫（Y. Ernest Satow），父亲是日本人，母亲是美国传教士。他生前是知名的摄影家，曾任京都市立艺术大学教授。

俵屋有多项与名店合作生产的独家商品，在旅馆的商店“Gallery 游形”（就在旅馆旁）可购买到所有的自创产品。

俵屋

地址

〒日本〒 604-8094 京都府京都市中京区麩屋町通姉小路（上行方向）中白山町 278

电话

075-211-5566

房数

18 个

浴池

无

川端康成的爱宿

柊家

京都府・京都市

从京都的三条通（京都的一条主干道）沿着麸屋町通往北走，才没走几步路，感觉闹市的喧嚣就已被抛在脑后，即使到了车水马龙的御池通路口，麸屋町通上却还是安静得像住宅区内的小巷弄。这里一天当中最热闹的时间，是早上的11点前后，因为那是此地两家顶尖名宿俵屋和柊家的送客时段。大门斜对的两家旅馆间，仅约8米宽的街道上，常挤满了客人、等着载客的出租车和殷殷鞠躬的旅馆人员，空气中似乎嗅得出些许难以言喻的较劲意味。

这两家旅馆间微妙的尴尬气氛，也常出现在下午3点后的迎客时间，因为隔三岔五总会有客人走错旅馆。不过老旅馆之间不单只有良性竞争，也有着邻里互助的情义：1997年12月，俵屋在傍晚时分发生小火灾，当时穿着浴衣的宿客在第一时间就被引导至柊家的玄关大厅避难。

尽管柊家历史[1]比俵屋少了100多年，如今两家旅馆的知名度其实不分轩轾，俵屋的客人多权贵名流，柊家则受到艺术家及文化人的喜爱。柊家曾是川端康成的“定宿”。川端康成为了创作《古都》，待在京都时几乎都住在这里，现在旅馆的宣传小册和网站上，都可以看到这位诺贝尔文学奖得主所写关于柊家的文章，这篇文章多年来一直是旅馆最有力的“文宣”。虽说大师们接受了旅馆某种程度的赞助，但比起现在的饭店以提供明星住宿换取一时的瞩目与广告，长期赞助文学创作的意义更为深远吧。

穿过低调、阴暗的柊家大门，踩着打湿迎客的石叠入内，挑高的空间意外的明亮、宽敞，据说这在町家建筑中难得一见的设计是当年为了让人力车得以将贵客送到玄关口。玄关裱挂的“来者如归”书法由明治时代的日本汉学者重野成斋所写，“来者如归”也是柊家传承数代的家训，而让客人感到宾至如归，正是老旅馆能历久弥新的最重要原因。

初访时由于忙着游览京都，我迟至傍晚才抵达，没想到女将西村明美已亲自到玄关迎接，所以晚餐前我就已经在女将的引导下参观了川端康成用来写作的房间，以及卓别林、里根总统等名人曾下榻的33号室。川端康成固定入住的角间14号室为旧馆最古老的客房，在两面的缘侧可眺望古雅的庭院，比邻较小的16号室则专门用来写作。两室都位于旧馆最深处，自成一区不受干扰，可以看出旅馆在安排上的细腻用心。《古都》故事从京町家春日的庭院展开，以两株分别寄生于同一棵大枫树不同洼眼，因而永远无法相逢的紫花地丁，来比喻孪生姊妹截然不同的命运，写得生动又感伤，或许大师日日面对着像柊家庭院这般优美凝缩的小宇宙，才能有如此细腻的观察与联想吧！

玄关所在的旧馆有21个客房，两层的数寄屋建筑始于江户时期，主要建造于明治年间，战时受损处曾于战后改建，其历经风霜的历史痕迹，正是文人雅士的最爱。同样精彩的，则是2006年开业的新馆。地下一层、地上三层的钢

来者如歸

醉裏樂天真

筋和风建筑内，设有 1 个大广间和 7 个房间，前后费时 5 年打造。格局装修皆异的 7 个新室看似摩登、新颖，却使用了非常多顶尖的传统匠人技艺，像 51 号室以漆器的做法制作的“床之间”和闪着神秘光彩的“玉虫细工”[2]，以及 62 号、63 号室透光的和纸墙等。

新馆规划请来京都出身的年轻设计师道田淳[3]，为传统的旅馆空间打造出尊重传统又跳脱框架的崭新风格。新、旧馆间以隧道般的走廊连接，表现的意象是川端康成《雪国》一书开头的名句：“穿过县界长长的隧道，就是雪国了。”通过隧道般的走廊后，让人眼睛一亮的并非皑皑白雪，而是一个36帖的大广间，三面落地玻璃的空间外围绕着狭长的庭院，玻璃墙上却一根柱子也没有！这个不可思议的无柱空间是用“雪吊”[4]的做法制作，以金属棒从上方拉住顶棚，技术上就像冬季为防止雪压垮树木而有的园艺“雪吊”技法。周围的庭院十分讲究，以流水与竹代表鸭川和岚山竹林，平时供宿客用餐，或作为表演和宴会场地。在如此奢华、梦幻的场域中享用到的柊家早、晚餐，也让我满意极了。

像这样新旧并存的老旅馆是我最钟爱的和宿形式，既可借由追寻大师足迹与观赏历史文物得到满满的感动，又能住宿在舒适、豪华的环境享受日本顶尖的待客之道，实在美好！第六代女将西村明美气质高雅、亲切温暖，代表的正是我心目中完美的女将形象，而她大胆

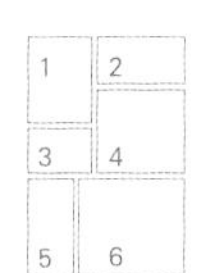

1. 维持着古典风情的玄关入口和账房。2. 玄关裱挂的“来者如归”书法由明治时代的汉学者重野成斋所写，“来者如归”也是柊家传承数代的家训。3. 大女将西村时枝女士本身就是旅馆界的传奇人物，每天还是和女儿明美女士一起在晚餐时间亲自问候客人。4. 如隧道般的走廊连接新、旧馆，表现的是川端康成《雪国》一书开头名句的隧道意象，连结出穿越时空的奇妙感受。5. 旅馆内的日用器具、家具和地毯上处处可见柊叶图案，女将说找柊叶是不少客人住宿柊家的乐趣。6. 哑剧泰斗卓别林入住的 33 号室（一楼）与 25 号室（二楼）分在两层楼的相同位置，大小格局相同，都是旧馆中最华丽的房间。隔间纸门上的绘画非常美，是牡丹和藤花装饰的“御所车”（花车、牛车）图案，另一面的花样则是扇面菊花。

新馆 62 号室墙壁可以透光，白天可以看到金光闪闪的柊叶在墙上飞舞。

延请年轻设计师的魄力与眼光更是令人佩服。她曾说京都之所以传承千年，绝非因为僵固守旧，而是在守护传统的同时也能向前展望并创新，这样才能够代代延续。旅馆是承继日本传统文化的款待空间，她从母亲那里学习到款待之心，如今最重要的使命，就是让从自己手中诞生的新馆成为后代的旧馆。“传承”在柊家并不是口号，而是数十年如一日的绵密操练与交接，尽管第七代若女将早已加入了工作行列，至今年过九十的大女将西村时枝女士还是每天在晚餐时现身，亲自问候客人。

虽然63号室是新馆最大的房间，以庭院框景取代“床之间”挂轴的精巧设计让我印象深刻，不过最让我感到幸福的，还是一早醒来，在62号室的“床之间”看到金闪闪的柊叶在墙面上飞舞的那一刻。柊家的一泊二食体验宛如身处“人间百宝箱”，让我得以将京都的历史、生活、器物与人情之美深印心底。我非常期待还能有机会入住51号室，从用来赏月的“干物台”[5]，欣赏京都浪漫的樱雪。

柊家

地址

〒604-8094 京都市中京区数屋町姊小路（上行方向）中白山町

电话

075-221-1136

房数

28个

浴池

无

网址

www.hiiragiya.co.jp

注

1 1818年柊家祖先西村庄五郎从福井若狭地区迁移至京都，经营家乡海产的商业与运送业。由于信仰下鸭神社的次神社比良木神社（正式名为出云井于神社，附近有许多野生柊树生长，因而称柊神社），故名屋号为“柊家”。1864年第二代时才开始转营旅馆。现在新、旧馆加起来共28个房间，不过许多人不知道的是再往北不远处还有一个较本馆经济实惠的柊家别馆，共14个房间。

2 “玉虫”为吉丁虫，是带有美丽金属色泽的甲虫。“玉虫细工”是使用“玉虫”细小鞘翅铺设的装饰做法，自然闪亮的光泽豪华、艳丽。

3 1968年生于京都的道田淳曾参与“MIHO美术馆”的建设计划，接下柊家改建案时才32岁，刚刚创业。

4 “雪吊”是园艺中为防止冬雪压垮树木，立柱绑绳以加强树枝支撑力的做法，全日本最知名的“雪吊”景观在金泽的兼六园。

5 用以晒干衣物或风干晒制鱼类的阳台。

茶道之宿

炭屋旅馆

京都府・京都市

二十几年前初访京都的炭屋旅馆，是我生平第一次真正地住宿日本传统旅馆经验。当时，我和一起参加国际活动的外国朋友们在毫无概念的情况下，被主办单位送进了炭屋一晚。在那之前，我只在家庭旅行时住过几回像热海、别府等观光区的大型温泉饭店。

由于语言不通，众人各自被贴身服务的仲居引入房后，都乖乖在房内用餐，也不敢外出到别人房间串门子，形同被软禁。直至第二天早餐后被带出退房，大家在车上才又相聚，一群憋了整晚的外国人于是七嘴八舌地讨论着前一夜的新鲜经历。老外们对于无法坐在椅子上吃饭长达两小时，又只能指手画脚都“哀嚎”不已，却也同时惊于能在房内一道一道享用如此精致、美味的餐点，而客房服务员魔术般的铺床技术更是让大伙赞叹、佩服。

我印象最深刻的则是房门根本没办法锁。由于我们没经验，不懂得日式旅馆的服务流程，仲居数度在我们更衣时冲进来送茶水，打点东打点西，每每吓得我们匆忙躲进浴室，她却态度从容、自然，让我们自觉狼狈又好笑。另外还有早餐桌边的汤豆腐，细嫩香滑，味道浓郁，让我生平第一次体会到，豆腐原来是有味道的！京豆腐和料亭规格的旅馆美食令我惊艳，更从此爱上了像炭屋那样私密而雅致的日式“一泊二食”。

现在的日式旅馆的服务方式早已从实时、贴身渐渐改变为尊重隐私，连京都“御三家”中的俵屋和柊家的硬件，这些年来整修后也都加入了现代化的元素，不过同为“御三家”之一的炭屋，样貌却似乎与我造访时没有什么两样，仍保持着日本传统数寄屋建筑的低调风格。在京都“御三家”中，炭屋的名气和规模虽总是排名第三，但当年我不了解的炭屋，其实是日本最能代表茶道“和敬清寂”之美的名宿。仅20个房间，却拥有5个格局端正、讲究的茶室，其中的“玉兔庵”，更是由里千家十四代家元所亲自命名。从大正时代起，炭屋就是茶人与爱好花道、能剧、谣曲之雅士聚集的场所。

创立于上世纪初的炭屋，旅馆名来自于本业“铸物屋[1]”锻冶、铸造金属时最需要的“炭”，而良质好炭，也是茶会炉火的必需品。当今第四代女将堀部宽子的祖父与父亲都喜爱茶道，由于时常需要招待往来茶道与文化界的同好而决定开设旅馆。如今每个月的7日与17日晚餐后都会固定举办茶会，还将仪式简化，让不懂茶道的宿客也可以轻松参与，这是炭屋为客人设想的贴心表现，更是炭屋对于推广茶道的用心。

当年与炭屋难忘的“一期一会”，正是我一生钟情于日本旅馆的缘起。炭屋旅馆，为我开启了二十几年来日本旅游的“美丽新境界”。

注

1 “炭屋”的前身“铸物屋”生产刀护手及和室纸门的金属门把。

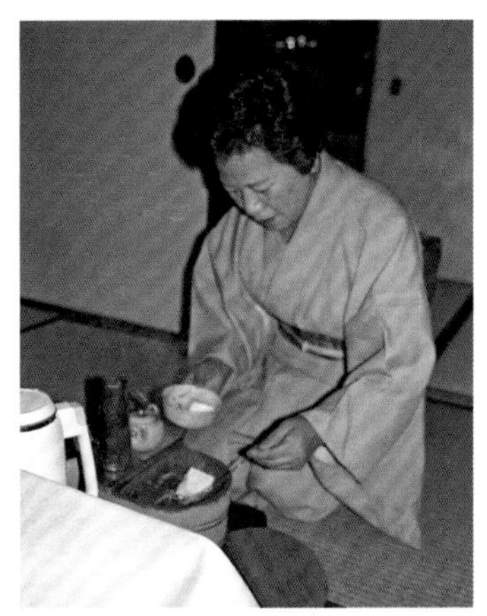

与俵屋和柊家同为“御三家”之一的炭屋，样貌与我造访时没有什么两样，保持着日本传统数寄屋建筑的低调风格。能与这个宁静的茶道之宿有一泊之缘，正如大门口歌碑上吉井勇的诗文所说，让我感到开心又荣幸。

炭屋旅馆

地址

〒604-8075 京都府京都市中京区数屋町三条（下行方向）白壁町 433

电话

075-221-2188

房数

20 个

浴池

大浴场

网址

www2.odn.ne.jp/sumiya

照片提供 / 要庵西富家

锦市场闹中取静
要庵西富家

京都府・京都市

三月已该渐入春暖，但关西地区竟异常地飘起了细雪，冷冽逼人。中午时分，我从京都车站搭乘出租车来到要庵西富家，在最能代表京都风情的大格子门前下了车。由于还未到办理入住的时间，我只想先托付行李，到附近的锦市场逛逛再回来，然而主人西田和雄先生却立即现身招呼，真是一大惊喜！

身为京都名宿的老板，瘦高黝黑的西田先生虽已年过六十，却顶着用发蜡抓出的时髦发型，穿着花色鲜艳的改良型工作服，看起来年轻又有活力。收下行李后，西田先生送我们到门口，还不忘提醒我不必等到两点，随时都可以来办入住手续。京都人向来给人一种印象：有礼而矜持，甚至有点冷淡。然而春寒中我与要庵西富家的第一次接触，竟感受到亲友家做客般的温暖。

要庵西富家位于京都市中心最繁华的地段，往南走过一条小路就是“京都的厨房”——锦市场。[1]这个区域以前聚居着很多制作扇骨的匠人，被称为“骨屋之町”，而西田家在富小路上的位置，恍如折扇下端用来集中固定扇骨的枢纽（日文称之为“要”），因而有了“要庵西富家”这个店号。

下午我们回到旅馆时，女将西田恭子女士已在门口迎接。通过玄关、走过右手边的酒窖，我在女将的引导下进入名为“桐壶”的小接待室享用迎宾茶点，然后前往位于一楼的房间“葵”。“葵”被称为“要庵套房”，是全馆最大的房间，拥有一整个墙面开向精致庭院的大落地窗，明亮舒适又静谧悠闲。住在这样一间位于千年古都最繁华的市中心的房间，真是难能可贵的奢侈享受。

总共只有6间客房，房名都选用《源氏物语》的章节名，如“篝火”“梅枝”“松风”等，既有历史文学的风雅，又呼应着窗外庭院的四季风情。要庵西富家创立于1873年，当今的主人西田和雄先生是第五代。22年前西田和雄先生接任社长时，将原本20个房间的旅馆改建为只有10个房间的高质量小旅馆，并确立“从融合传统与现代中创新”的经营理念，也开始了至今未曾停歇的演化与改革。为了保障服务质量，旅馆在2007年的大规模整修之后，客房数缩减为9个，更在2013年精简为6个，将较小的3个房间改为餐室，放置特制的榻榻米餐桌椅，不惜牺牲营业额，只为体贴年长的客人，以及不习惯坐在榻榻米上用餐的外国客人。

京都没有温泉，多数市内的小旅馆也没有空间提供大浴场，但要庵西富家却非常难得地在地下室设置了两个小公共浴场。好玩的是，公共浴场周边摆了几尊姿态、表情逗趣的陶人偶，我这才发现，旅馆不少角落都放了人物或动物的陶偶，主人的巧思为端正的传统数寄屋氛围平添了几许轻松幽默，然而这样的安排却丝毫没有不协调的感觉。浴场旁的陶瓮中装满了冰块，里面是为客人准备的罐装啤酒和茶饮料，非常贴心。

西田先生最具特色的创新，是早在1997年即开始购置酒窖，在传统京旅馆

照片提供／要庵西富家

照片提供／要庵西富家

中提供葡萄酒搭配怀石料理的服务。看似大胆的决定，其实是基于他个人对葡萄酒的兴趣及对于亚洲人饮酒习惯改变趋势的预见。如今要庵西富家的藏酒以法国勃根第酒为主，质量傲视京都；酒单中的日本酒也多为珠玉之选，像是菊姬的“吟”及黑龙的“石田屋”等，都是十分少见的名酒。

晚餐时我选了大吟酿“雫”来配餐，这也是黑龙的限定酒，而与美酒相呼应的要庵美食当然毫不逊色。以海带柴鱼高汤为底的洋葱汤，口感厚稠有如西式浓汤，味道却是纯正和风；酥嫩的炸小香鱼入口即化，微微的苦味正好化解了油腻感；特色菜“强肴”，则是我生平第一次体验的超大蛤蜊涮涮锅；主菜以柔白、浓密的西京白味噌汤，搭配裹薄粉油炸的比目鱼饭，收尾的口感既华丽又细腻。

我饭后和西田夫妇在酒窖前的休憩空间聊了好一会儿，因此得以更深入了解他们的经营理念与一路走来的考验。

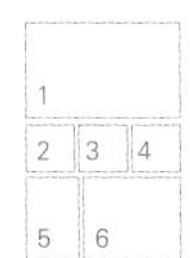

1.“葵”被称为“要庵套房”，是全馆最大房间，拥有一整个墙面开向精致庭院的大落地窗，明亮舒适又静谧悠闲，住在这样一间位于千年古都最繁华的市中心的房间，真是难能可贵的奢侈享受。2. 除了传统的餐具器皿，要庵西富家也使用西洋名品牌的餐盘，以及京都年轻陶艺家如野上千晶的作品。新旧和洋的调和，有趣味却不失品位，是最让我印象深刻的地方。3. 我生平第一次体验的超大蛤蜊涮涮锅。4. 旅馆不少角落都放了人物或动物的陶偶，主人的巧思为端正的传统数寄屋氛围平添了几许轻松幽默。5. 内装备长炭以加热菜肴的绿色陶缸上的图案是要庵西富家的商标。这是“要”字的象形文字，由西田先生父亲的好友佐野猛夫先生（知名染师）所设计。6. 旅馆各处的挂饰主题和摆饰人偶都是一对男女，充满了三月女儿节的柔美气息。

西田先生忆及刚设酒窖的第一年，整年只卖出6瓶葡萄酒，所幸经过近20年的坚持与努力，去年终于创下年售千瓶的佳绩。在京都继承经营历史悠久的名宿的西田先生，看似幸运，其实更肩负着沉重的压力与包袱。为了让客人有跟得上时代的舒适住宿经验，旅馆必须常态性的进行软、硬件更新改造，如何兼顾传统与舒适、妥协资金与理想，应该是京都小宿主人最辛苦也最艰难的考验吧。

夫妻俩多年的努力总算得到肯定。2010年起，要庵西富家连续数年成为京都米其林评鉴中，少数在餐厅和旅馆两方面都上榜的赢家。[2]然而对他们来说，精进似乎永无止境。2015年初，夫妻俩还曾专程前往台湾的乐沐餐厅进修，旅馆也于同年加入了世界顶级餐饮旅馆联盟 Relais & Châteaux。乐观又热爱跑步的西田先生，不以规模和资金自我设限，他正以跑马拉松的毅力与精神，一步步将小而美的要庵西富家推向世界舞台，期待有更多人能来到京都，接受他们日常却不寻常的用心款待，感受京都人的生活态度与温度。

要庵西富家

地址

〒604-8064 京都市中京区富小路通六角（下行方向）

电话

075-211-2411

房数

6个

浴池

公共浴场2个

网址

www.kanamean.co.jp

注

1 要庵西富家不但邻近锦市场，不远处的六角堂所在地是池坊花艺的发源地，更拥有象征京都中心点的地标“脐石”。

2 从2010年至今，在餐厅和旅馆两方面都上榜的京都旅馆，除了要庵西富家，还有柊家及美山庄。

古代贵族的水边私邸

虹夕诺雅·京都 京都星野酒店

京都府·京都岚山

岚山、嵯峨野是京都最受欢迎的景点，依山傍水，通年皆美，是赏樱、赏红叶及赏月的名所，早自平安时代起就是皇室贵族游憩的胜地。[1] 岚山以跨越桂川的渡月桥为中心，建筑低矮、疏落，比起寺庙、商店和住宅鳞次栉比的东山地区，与自然更为融合。我最喜爱的京都料亭“京都吉兆·岚山本店”就坐落于此。

由于受到严格的法规限制，在京都要觅得土地新建旅馆很不易，因而近年让人眼睛一亮的新旅馆多半是在既有旅馆设施的基础上改建或重建的。岚山位于京都景观“保全”的保护指定区域内，属于建筑高度限制最为严格的10米区，新颖、高级的旅馆更是珍稀。因此当2009年底传出虹夕诺雅·京都开业的消息，温泉旅馆迷无不翘首以盼，业界也非常好奇虹夕诺雅会为保守的历史古都带来什么样的新风貌。

虹夕诺雅·京都是星野集团继发迹地轻井泽的虹夕诺雅开业 4 年后，第二家以虹夕诺雅旗舰系列为名的旅馆。旅馆高踞保津川最美的岚峡川岸，景色如梦似幻。这里原本是战国、江户时期富商角仓了以的私邸，约百多年前改为旅馆“岚峡馆”。2007 年 2 月岚峡馆因经营者骤逝而停业，同年由星野集团取得经营权并进行大规模的改建。

岚峡南岸土地极为狭窄，通往旅馆只有一条非常难行的便道，因而原本的岚峡馆一直都以专用船接驳宿客，于是虹夕诺雅·京都保留了这个充满着当地风情的入馆方式，以重现古代贵族水边私邸为概念，让访客们通过搭船这种非日常的“仪式”，进入如世外桃源般的岚山深处。

我于 2010 年枫红时节造访，乘船约 10 分钟后即抵达斑斓秋色掩映下的虹夕诺雅·京都。沿斜坡拾级而上，首先映入眼帘的是“水之庭”。在右手边的第一个开放式和室内，旅馆人员以敲击铜乐迎宾，和室前方邻栋即旅馆的休息室。这个图书休息室是旅馆内除了餐厅以外唯一的室内公共空间，还兼为商店。至于室外公共空间，则只有两个同时具备过道功能的庭园“水之庭”和“奥之庭”。[2]

总共 25 个房间，分为“月桥”“谷霞”“水之音”“山之端”和“叶雫”5 区共 6 种房型。为求与周遭山水结合，围绕两个日式庭园的宿泊栋不论新旧，都是数寄屋建筑。房内的装潢很讲究，家具则非常精简，和式客厅面川榻榻米间的视觉重点“畳ソファ（榻榻米沙发）”是与家具匠人所组成的桧木工艺公司合作开发，除了独创的造型美感，沙发的高度设计是为了让现代人感受古人跪坐赏景的视线与视野。

与虹夕诺雅·轻井泽一样，这里也采取星野集团引以为傲的“泊食分离”方式，宿客可以选择在旅馆的餐厅吃晚餐、自行外出用餐，或是通过旅馆安排到合作的名店。[3] 我已经到吉兆的岚山本店用餐非常多次，当晚其实很想试试旅馆主厨的手艺，但由于那次行程鲜有造访京都的朋友同行，因此还是选择了京都吉兆·岚山本店。我们于傍晚搭船前往用餐，再由旅馆人员开车接回，回程在暗夜中体验了如云霄飞车般惊险的川畔便道，提心吊胆地回到旅馆后，大家都忍不住为司机的技术拍手欢呼。

旅馆内我最喜欢的地方是“奥之庭”，位于“谷霞”与“山之端”房间区中间，小小的一方地面，是以原建筑旧屋瓦排列成的枯山水。从“山之端”两层式套房二楼窗户往下望，一株艳红的枫树挺立石庭苔岛中，与周围黄、绿、褐的色彩交织在一起，在风中摇曳，或飘落在冷灰的立瓦波涛和岩组上，这幽然与热情的对比更显锦秋之美，是否传达的正是小堀远州的“绮丽寂趣”？

虹夕诺雅·京都的整体设计延续了轻井泽的黄金三角阵容：“总舵手”星野佳路、负责建筑设计的东利惠及负责环境设计的长谷川浩己。我觉得虹夕诺雅·京都最精彩的就是户外空间，尤其是搭配了“植弥加藤造园”名庭师井上靖智设计的庭院，因此我十分欣赏长谷川浩己的功力。至于房内规划，虽然这里的家具建材比虹夕诺雅·轻井泽细腻、雅致，但我实际住宿后的印象也跟住虹

注

1 《源氏物语》第十八章“松风”中，明石君携女上京会光源氏，就先落脚于娘家位于大堰川畔的别庄；第十九章“薄云”结尾也有关于明石君在川畔对着美景与光源氏哀诉的描述。渡月桥附近的桂川也称为“大堰川”或“保津川”，一般以渡月桥分界，上游为大堰川，下游叫桂川。而大堰川从龟冈到岚山这一段又习惯上被称为保津川，因此用于观光的游船仍称为“保津川游船”，不过现在正式名称已统一为桂川。

2 另有可以眺望大堰川的“空中茶室”，景致虽美，但因超级小，必须预约才能使用，一日限定一组。

3 原来餐食并不特别出色的虹夕诺雅·京都于2011年5月请来曾在法国进修、英国任职的厨师长久保田一郎坐镇餐厅“卯月”，他传承祇园割烹流精髓，同时擅长以法国菜技法表现日本料理，风评不俗，可惜我至今还没有机会品尝。目前合作的餐厅除了京都吉兆·岚山本店”，还有老香港酒屋京都及京都冈崎将田。

1. 房内特制的摆设十分风雅，像是方便客人在房内自由提着移动品茗的“茶箱”。2. 客房的装饰很讲究，选用日本传统工艺品与京都老铺“三浦照明”的灯具，墙面贴敷壁纸老铺“丸二”的手刷京唐纸。3. 最不理想的房型就是只有和式客厅的标准房，因为房内除了浴室板凳没有半张椅子，也没有桌子（只有桌面像托盘大小的圆几），加上常拿来作为杂志宣传照的特制沙发背部弧度和深度皆不合乎人体工学，空有美感坐靠却不舒服，相当可惜。4.“山之端”两层式套房内一景。5. 迎宾时间在图书休息室表演三味线的和服美女十分优雅，不过因为室内空间不大，我刚抵达时漂亮妹妹坐在窗边角落对着墙演奏，非常奇怪。傍晚外出用餐时再次见到她在入口公共和室演奏，有小舞台的效果，看起来总算没那么委屈了。

夕诺雅·轻井泽一样，觉得东利惠的设计虽美观、有个性却不够体贴、好用，室内总是高高低低、光线昏暗，加上房内空间不足，为追求美感牺牲了功能性与舒适度，因此只有最大的几个房间像两层式的“山之端”或“月桥”，比较符合贵族、豪商“水边私邸”的气氛和水平。

此外，岚山温泉是离京都市区最近的温泉地，但虹夕诺雅·京都却没有温泉，只在旅馆房内提供和汉方的入浴汤包，是另一点遗憾。还好星野集团发挥了善于结合当地活动的专长，为宿客准备了许多能轻松参与的文化体验活动，像是茶会、闻香体验、花道课程，也可代为安排茶屋艺伎、寺庙坐禅、变装散步、游船和人力车等。

不论是景观与活动体验，虹夕诺雅·京都都洋溢着戏剧性的“京情绪”，的确成功呈现了星野集团向来强调的主题“非日常”及“另一个日本”，不过个人认为这里比较像是个值得一访但门票昂贵的美丽“观光点”，而不是可以自在“窝居”或作为游玩京都据点的舒适旅馆。

虹夕诺雅·京都

地址

〒616-0007 京都府京都市西京区岚山元录山町 11-2

电话

050-3786-0066

房数

25 个

浴池

无公共浴场

网址

hoshinoyakyoto.jp/

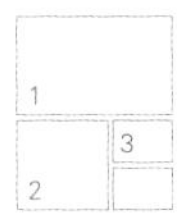

1. 旅馆内我最喜欢的地方“奥之庭”，位于“谷霞”与“山之端”房间区中间，小小的一方地面，是以原建筑旧屋瓦排列成的枯山水。2. 虹夕诺雅·京都墨黑的屋形船在众多纯朴、古意的游船中显得时尚引人注目，从登上栈桥开始，就可以感受到专属尊荣感。3. 图书休息室内部装修为时尚和风，但因空间小，服务人员多数时间都在忙碌中，背对着客人，这在服务上不合乎日式礼仪，也是不大理想的地方。

湖国之乡的一期一会

料亭旅馆·安井

滋贺县·彦根市

在日本的旅馆和餐饮等服务业，常会引用来自茶道的待客精神“一期一会”，把与客人的相遇当成一生仅有一次的珍贵际会，以表达对于顾客的诚意与用心。

关于这种诚心相待的精神，最早的文字描述来自“茶圣”千利休的弟子山上宗二所著的《山上宗二记》。不过“一期一会”之所以成为日本的“四字熟语（成语）”，则是由于江户幕府末期的大老井伊直弼[1]。井伊直弼在其著作《茶汤一会集》中，以“一期一会”四个字，概括表达了他承自前人的茶禅体会。

因为这样的历史渊源，位于国宝彦根城下的料亭旅馆·安井，自1869年创业起，就勉力以“一期一会”的茶道之心来待客。料亭旅馆·安井原本是一家割烹料亭，1951年餐厅搬至现址并增设旅馆部分，从此变身为以高档美味料理为主的料亭旅馆。

穿过大门写着“安井”的暖帘，眼前的晚秋庭院带着几抹艳红，却难掩萧瑟诗意。沿着绵长而略微曲折的石叠小径赏着霜月庭景，旅途劳顿与外界喧嚣立刻被抛诸脑后。这个前往玄关的小序曲，正如同茶室“露地”的作用，让客人通过庭院里草石树木的“洗涤”，得以迅速地转换心情。玄关所在的本馆虽为钢筋混凝土建筑，但旅馆内部是传统的和式风格，只以部分复古洋风的古董桌椅家具，点缀出怀旧的明治大正和洋氛围。

大厅商店区的地板是一般旅馆相当少见的竹地板，区隔出分向两侧本馆与新馆的走廊。走廊地面敷以无布边的琉球叠（一种无布边的榻榻米），两侧饰有浅色原木，视觉、触感皆温柔。从前庭的敷石引路，到室内的细腻叠竹，脚下与安井的无声初会，还真让人感受到如茶席亭主般内敛而不言说的待客心意。

9间客房，每个房间都有庭院景色。新馆虽然已经历了近20年岁月，感觉却非常新颖、清洁，不难想象料亭旅馆·安井在维护上所下的功夫。本馆客房是传统茶室的数寄屋风，每个房间的装饰如门窗隔扇、栏间、障子、顶棚和灯具等，材质、做工都十分细腻，但花样设计却各不相同，处处表现日本传统建筑清雅纤丽的美感。不过，我最喜欢的房间却是带有野趣的本馆离室“围炉里”。这是唯一一间以大庄屋风[2]设计的客房，也是旅馆内唯一有洋式床的房间。顾名思义，房间“围炉里”内设有日本乡舍常见的室内地炉，炉架、自在钩、铁壶一应俱全，在精致、细腻的旅馆氛围中，难得地表现了乡野农家的情趣。晚餐后我请仲居小姐把消夜的饭团送到房内、点了两合日本酒，和友人们一起围炉聊天、小酌，十分惬意。

敢以“料亭旅馆”自居，安井的餐点当然不一般。滋贺不靠海，县内拥有全日本最大的湖泊琵琶湖，因而素有“湖国”之称。旅馆使用的食材除了京野菜、近江牛肉、近江米，以及来自全国各地的当季美食，主要还是以当地物产如春竹笋、夏香鱼和冬野鸭等来传达季节感。曾在京都进修的厨师长使用的餐具精美、细致，餐食表现中规中矩，走的是不花哨的老旅馆路线。

虽然没有温泉，只有9个房间的料亭旅馆·安井还是拥有两个宽敞的大浴场，使用抽取自地下300米的软水，让客人一样可以享受温泉旅馆之乐。住宿期间若能仔细观察，会发现走廊与客房装饰了不少古董家具，每个房间的格子纸窗门和灯具等花样都不一样，分散各处大小庭院的石灯笼造型也各不相同，是一家在设计风格上颇有经营者个性的旅馆。欣赏旅馆各角落的细节是住宿“安井”最大的乐趣，大到格窗木梁，小至房内的盒子镜框，都非常精致、细腻，而其中最具代表性的，莫过于举止优雅的第五代女将安井千奈美女士了。

从“床之间”的挂轴、花饰到商店内陈列的商品，安井女将的美感无处不在。她不但每天亲自迎送客，客人用餐期间她也亲自服务，“一期一会”的精神和“真心款待”的态度在这里，就像她的茶道精神与品位一样，是随着历史的血脉传承而来的。不张扬的细腻之宿，或许也只能靠客人们安静、谦虚地带着如坐在茶席上一般的态度与用心，才有办法观察与体会吧。

料亭旅馆·安井

地址

〒522-0082 滋贺县彦根市安清町13-26

电话

0749-22-4670

房数

9个

浴池

公共浴场2个

网址

www.ryoutei-yasui.jp

注

1 井伊直弼是近江国彦根藩的第十五代藩主，同时也是一位精通儒学、日本国学、禅、书画、武术、能乐和茶道的人。近江国，为日本古国名，大致是现在的日本滋贺县。

2 江户时代乡村中的大村舍。

1 2 3
4

1. 客房“围炉里”建于 1980 年，房内设有日本乡舍常见的室内地炉，炉架、自在钩、铁壶一应俱全，顶棚和墙的梁木空隙还摆设了不少旧时农家用品。2. 大厅入口左手边的榻榻米上放着古董屏风、地毯和西式桌椅，表现数寄屋中的复古洋风。3. 新馆客房“所缘”广缘时髦的大红柜，引人注目。从 2012 年底起“所缘”成为全馆唯一在房内榻榻米上（不包括广缘）设有桌椅的房间。4. 旅馆内处处呈现日式生活与建筑的美感和趣味。

天神遗落的梯子

文珠庄松露亭

滋贺县・天桥立温泉

位于天桥立的文珠庄松露亭，是日本极少数位于国立公园内的顶级日式旅馆。天桥立以长达 3.6 千米的白砂沙洲及多达 8000 株的青松知名，与宫城松岛及广岛宫岛并列为日本三景。而文珠庄松露亭就伫立在对着天桥立的突出小岬上，借景天桥立与阿苏海，是一家极具地方代表性的老旅馆。这里原本就是国家级的观光胜地，是日本人一生一定要看一次的美景，自从 1999 年天桥立温泉开业后更是魅力倍增，文珠庄松露亭从此成了日本人极为向往的梦幻温泉旅馆。

文珠庄松露亭在智恩寺文殊堂寺院区域内，海拔只有 1 千米，地理位置相当特殊。而文殊堂供奉的，正是代表智慧的文殊菩萨，因此天桥立商业街上到处都在贩卖特产智慧饼[1]。从天桥立车站到旅馆其实非常近，穿过小小的观光购物街就到了。旅馆在碎石砂砾道的尽头，一层楼的平房建筑巧妙地“躲”在树后，只露出古典、安静的数寄屋式入口。玄关充满了茶室风情，客人一抵达，即被迎入享用抹茶及和果子智慧饼。

沿着使用千年松和北山杉铺设的走廊，我来到松露亭最深处的特别客房“云井”。“云井”拥有全馆最好的景致，从广缘就可以透过松林看见阿苏海和天桥立。由于所有的客房都面海，因此客人步下广缘即可进入由京都名匠设计的庭院，走到海岸边眺望天桥立。

我利用晚餐前的时间外出逛逛，漫步通过夹在阿苏海与宫津湾中的松林沙洲，欣赏名松姿态与松尾芭蕉的句碑，以及著名诗人与谢野宽和夫人晶子夫妻俩的歌碑，接着前往对岸的元伊势笼神社和成相寺参观，并在伞松公园学日本人，倒立着从两腿间欣赏天桥立绝景“斜的一文字”。回程搭乘观光船，没想到下船地点就在旅馆旁边，真是太方便了。

晚餐是京风会席料理，以丹后半岛的季节食材为主，最知名的是六月到八月间的岩牡蛎，秋季的松茸、栗子或黑豆，以及冬季可以加价享用的日本名海产松叶蟹。这里的松叶蟹料理除了生食，还有水煮、炭火烧、涮涮锅或螃蟹饭等多种料理方式，十分豪华。只可惜我在九月到访，无缘一尝。

与历史悠久的天桥立相比，上世纪末才涌出的天桥立温泉算是相当的“年轻”，属于触感滑润的“美肌汤”，因此1954年开业的文珠庄松露亭虽在1995年全馆改装为现在所见的茶室风，大浴场“松露之汤”却迟至2004年7月才完工，不论室内的高野槙浴池或是露天岩浴池都很迷你。不过，身为天桥立国定公园内唯一的旅馆，温泉当然就没有么重要啰!

文珠庄松露亭是当地智慧饼名店勘七茶屋所属的旅馆；勘七茶屋于1609年在智恩寺文殊堂山门前创业，目前已传至第十三代。其实勘七茶屋的第一家旅馆是1870年开业的对桥楼，位于沙洲松道的入口，总共只有10个房间。由于大正时代女诗人与谢野晶子曾数度在此住宿，旅馆不但以“晶子之部屋”知名，价格也比较亲民。勘七茶屋共有3家旅馆，其中最后开业的“文珠庄”（1996年）请来名建筑家吉村顺三设计，以追求简素之美的和式度假旅馆为主题，走的是

文珠
名物
天の橋立
政府登録

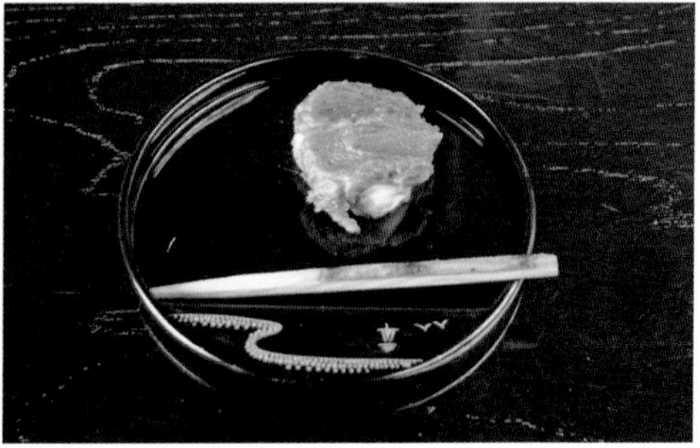

清简、时髦的和风，价格在文珠庄松露亭与对桥楼之间，相当受年轻女性的欢迎。

由于三家姊妹馆都在邻近的步行范围内，文珠庄松露亭地处尊贵，文珠庄全室面对天桥立，对桥楼则在红色的回旋桥旁，各有特色，勘七茶屋的系列旅馆可说是拜访天桥立的最佳选择。除了前往天桥立参观游玩，别忘了到智恩寺文殊堂参拜，除了增长智慧之外，还可以看到许多超可爱的智慧猫喔！

注

1 日本有句古话“三人寄れば文殊の智惠”，意思是“三个臭皮匠胜过一个诸葛亮”。文殊菩萨代表“智慧”，因此这里知名的和果子就叫“智慧饼”。智慧饼其实跟伊势的“赤福”很像，都是用红豆泥裹覆在麻薯外面。

文珠庄松露亭

地址

〒626-0001 京都府宫津市天桥立文殊堂岬

电话

0772-22-2151

房数

11个

浴池

大浴场1个，附露天浴池

网址

www.shourotei.com

1 2
3
4 5

1. 文珠庄松露亭送给客人作为纪念的“轮岛涂”漆筷，十分精美。2. 旅馆内的小图书室兼谈话室。3. 由于庭院相通，任何客人都可轻易到其他房间的广缘外，因此在房内得要“谨言慎行”。4. “云井”是作家山口瞳和藤本义一等多位文人喜爱的特别客房，里面有茶室和小书斋。由于位于小岬的最前端，又拥有两面落地窗的广缘，从房内就可以透过庭院眺望名景。5. 迎宾点心智慧饼。

大啖螃蟹

炭平 间人旅馆·炭平

滋贺县·丹后间人温泉

中午从京都出发，下午3点多我们抵达丹后半岛的旅馆间人温泉·炭平时，旅馆大厅弥漫着极为浓厚的烤螃蟹味道。我想，应该是因为旅馆的餐厅也对非宿客营业，所以中午有不少纯粹来吃蟹但不住宿的客人吧！不难想象整个旅馆餐厅才刚从食客云集的喧闹忙碌中安静下来，满室的蟹香余温却仍未消散。

我趁晚餐前去大浴场洗去旅途疲惫，见露天浴池中坐着一位来自大阪、活泼健谈的中年妇人。她也是第一次来间人地区，非常讶异竟会有中国人专程来这么远的地方吃螃蟹，因为不少日本人连什么是“间人蟹”都不知道。她说：“很多日本人看到汉字‘间人蟹’还不知道该怎么念呢！”

日本料理中最常见的螃蟹有鳕场蟹、毛蟹和楚蟹，而“间人蟹”就是脚特别细长的楚蟹。巨大的鳕场蟹肉、多有弹性，吃起来虽然方便又过瘾，可惜不够细嫩香甜；毛蟹的味道虽甜美，但是个头小、壳硬、肉少且肉纤维短，我觉得还是纤维细腻、口感清甜的楚蟹最能代表日本之味。日本楚蟹渔场分布极广，日本海沿岸及太平洋沿岸的茨城以北都有，但还是以日本海山阴、北近畿到北陆沿海渔港所捕获的楚蟹风味、质量最佳，分别依捕获区域称为松叶蟹、越前蟹及加能蟹。间人蟹是松叶蟹中最高级的品牌，是少数以渔港为名的楚蟹，由于捕获量稀少，通常一上岸即被当地旅馆餐厅或是京都和东京的料亭抢光，极少流入市面，因此得到“梦幻蟹”的称号[1]。

梦幻蟹最梦幻的吃法，就是前往产地住一晚，品尝间人蟹的“全蟹宴”。间人港是个非常小的渔港，总共只有5艘小捕蟹船，因此提供间人蟹宴的旅馆也都是房数10间上下的小宿，比较有名的包括间人旅馆·炭平、昭恋馆·吉志之家等。对我来说，吃得好更要睡得好，因此我选择了近年来勤于增建舒适离室的间人旅馆·炭平。

炭平创业于明治元年，1992年从较为热闹的渔村搬到178号公路旁的现址，全室背山面海，都可以欣赏到夕阳美景。2013年底我造访时，炭平总共有13个房间，里面有3个离，其他则是大小相同的和室。3个离中，“海铃”是2008年从本馆延伸增建的乡土风离室；2010年旅馆又在隔着马路的前方另外建了摩登和洋风的“季音庵”，由两个离所组成，分别是“波乃音”和“风乃音”。[2]

难得一趟跑这么远，当然要吃个过瘾，因此我订了两晚，而且每晚都是一人“一杯”（日本计蟹单位）特大蟹的全蟹宴。我第一晚先住风格不同的本馆离室“海铃”，第二晚再搬到更近海边的“风乃音”。两个房间都有西式床铺，装饰新颖、空间宽敞，住起来都相当舒适。以如此偏远的渔村来说，服务当然无法与顶级旅馆相比，但毕竟来此的目的是吃最新鲜的间人蟹，所以对整体住宿体验我还算满意。

晚餐在房内享用，由专人服务。炭平的蟹宴有多种烹调方法，若选择一人一只（甚至可选1.5只）特大蟹，可以品尝到所有的料理方式，包括刺身（生蟹）、水煮、炭烤、甲罗烧、涮涮锅、什锦锅和杂炊。[3]

生食、烧烤或火锅的吃法我们在台湾都很熟悉，比较特别的是“香箱蟹”、涮“蟹味噌”和“蟹味噌甲罗烧”。“香箱蟹”是雌的楚蟹，个头比公蟹娇小很多，也叫“势子蟹”或“甲箱”[4]。雌蟹不如公蟹值钱，算是“附赠”在全蟹宴里，但由于雌蟹禁捕期更长，加上烹煮费工，是食客或当地“食通”才懂得吃的料理。这个时期的母蟹由于同时有鲜橘色的“内子”（尚未成熟排出的卵，口感黏稠）及颜色较深的“外子”（已排至腹部的卵，口感脆），再搭配蟹黄和费工取出的蟹脚肉，各种口感交错，满满蟹香，真是人间美味。

至于蟹味噌，则是蟹的肝、胰脏和大肠腺等脏器的混合，也就是我们一般所说公蟹的蟹膏。这里的蟹味噌是我生平吃过最好吃的，不论生食、涮食或是放在“甲罗（蟹壳）”上加酒烧烤，都十分甜美，毫不腥苦。看着新鲜的蟹膏在热汤中如线菊开花般伸展，在视觉与味觉上，都是最难得的享受。其实因地利之便，炭平除了间人蟹之外，不少食材都称得上梦幻，像是寒鰤鱼、九绘鱼、黑喉鱼、虎河豚、红海胆、岩牡蛎等。问题是，当舞台上有了间人蟹这样光芒万丈的大明星，谁还看得到其他的配角或小龙套。

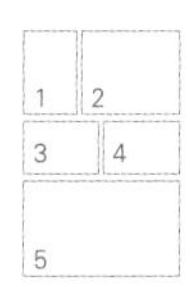

1.“风之音”房间入口。2.“季音庵”的两室比邻、内部风格差不多，不过我发现“风乃音”（78 平方米）虽面积较小但面向海，但比起“波乃音”（87 平方米），感觉更为明亮、舒适，因此决定舍弃最大房间“波乃音”。3. 全室背山面海，都可以欣赏到夕阳美景。4.“风乃音”的卧房区。5. 可以一边赏海景一边泡温泉。

1. 早餐在大广间吃，比较有趣的是 3 个离室的桌子都安排在代表上位的深处。还有除了看起来像夫妻档的客人，有不少桌全是男性友人数人同行，跟一般温泉旅馆多是女性友人同游的情况相反。2. 间人港总共只有 5 艘小捕蟹船（爱新丸、海运丸、协进丸、大有丸、蓬莱丸）。连住两晚，吃到的间人蟹分别是渔船“爱新丸”和“大有丸”捕获的。3. 以绿色的挂牌证明正身的间人蟹出现时，着实令我难掩兴奋，终于有机会可以豪迈地大啖间人蟹了！4. 鲜度无“蟹”可及的间人蟹，口感与味道当然不在话下，不过在处理手法上，比起京都料亭，这里还是比较“乡土”。5. 看着新鲜的蟹膏在热汤中如线菊开花般伸展，在视觉与味觉上，都是最难得的享受。6. 雌蟹是饕客或当地“食通”才懂得吃的料理，因此香箱蟹在京都或东京，都是得在像“和久传”或“小十”这类米其林级的餐厅才吃得到。

炭平

地址

〒627-0201 京都府京丹后市丹后町间人 3718

电话

0772-75-0005

房数

16个（和室10个，洋室1个，特别客房2个，离3个）

浴池

大浴场2个，露天浴池2个

网址

www.sumihei.com

注

1 间人蟹捕获量稀少，是日本市面上最贵的蟹，因此被称为“梦幻蟹”。一只活公蟹批发价就要1200元到1800元人民币，到东京零售价至少翻倍，而且想买还不一定买得到。间人蟹出类拔萃的原因有三，主要是渔场、鲜度和处理方式。从兵库县到福井县沿海各渔港中，间人港离优质渔场最近，小型渔船可以当日往返。螃蟹不须经过水槽长时间养存，如此螃蟹不会承受太大的压力，故渔船得以在螃蟹最佳状态下迅速返港卸货。螃蟹午后标售，晚餐时间就上了当地旅馆餐厅的桌。此外，小型渔船捕蟹量小，船家可以更细心照顾，减少因挤压碰撞使蟹受伤的情形。为保护蟹源，日本政府制订了捕捞禁令，所以间人蟹的品尝期只有每年11月6日到翌春的3月21日（楚蟹解禁日期由南到北不同）。

2 2014年11月起新增3室：37平方米的和洋室“白韵”，以及两个约66平方米和洋室的特别客房“奏水之间”（“玉响”“水绫”）。会客房也做了改装，更时髦、新颖了。

3 蟹季和非蟹季价格落差很大，而在蟹季选择蟹宴（蟹还要分大小）与非蟹宴价格也不一样。此次住宿所选的特大蟹全蟹餐与一般的非蟹餐价格每人差约1800元人民币，也就大约是一只特大蟹的批发价。蟹的尺寸分中（800~900克）、大（1～1.1千克）和特大（1.2千克以上）。

4 雌蟹也因捕获区域不同而有不同名称。一般来说鸟取县的才叫“香箱蟹”，福井县的叫“势子蟹”，间人港的叫“甲箱蟹”，不过“香箱蟹”这个称呼在全日本知名度高，而且用汉字比较容易表达，因此在此采用“香箱蟹”的称呼。

时髦的复古风

有马山丛·御所别墅

兵库县·神户有马温泉

日本人心目中地位与代表性最不容置疑的名泉，莫过于兵库县的有马温泉。有马温泉不但名列“三古汤”和“三名汤”，更是日本三大药泉之一。

位于神户市北郊的有马温泉有1300年的悠久历史，特殊的泉质加上六甲山秀丽的环境，自古就是温泉疗养胜地。1868年神户开港之后，连住在神户的外国人也喜欢来这里度假，因此20世纪时增加了许多西式饭店。如今由于离神户仅20分钟车程，到大阪也只要40分钟，是少数离大都会区这么近的名泉，旅馆价位因而特别“高贵”，所以常有人说“关东的箱根，关西的有马”，两者分别是关东与关西价位最高的温泉区。

我很喜欢有马温泉街，在六甲山的自然环抱中，古朴的商店沿着细小而不工整的街道分布，其间点缀着金、银汤殿和好几个跟温泉历史相关的寺院，充满风情。由于经过了长时间的发展，有马温泉街早已挤满了大大小小的温泉旅馆与饭店，其中当然不乏知名老旅馆，只可惜难有时髦、宽敞的新旅馆。所幸2008年当地名宿陶泉·御所坊[1]非常难得的在有马的土地上开了一家崭新的别馆有马山丛·御所别墅，近5000平方米的旅馆区域内总共只设10间Villa，内部面积都超过100平方米，非常豪华、舒适。[2]

我搭乘陶泉·御所坊主人收集的古董伦敦出租车，沿着小路往山上开行。车似乎才拐了几个弯，就已抵达有如在自然山林中的有马山丛·御所别墅。穿过黑色木板围墙间的大门，右边是会客栋，左边则有一条石叠小径通往狭长庭院的深处，路旁就是一栋栋褐瓦黄墙的Villa，不论是建筑或庭院都简单利落，有点像欧洲的度假小屋，也有日本的民家风。

Villa有依山或池畔的洋风平房，以及临溪的和洋两层式小屋，两种房型总面积相同，房间号码从一到十以罗马数字显示。我住的是I号的平屋式，室内顶棚高、设备齐全，以造型、色彩皆厚重的西式家具和装饰营造出怀旧复古的氛围。浴室有两个面盆，也非常宽敞。不过最特别的是，为了弥补房内没有温泉的遗憾，所有房间浴室都附有温浴室（把温度设定在摄氏36度的低温岩盘浴）。温浴室里面还有电视，在其中边喝香槟边看电视或读书，轻轻松松就可以度过两小时以上的时间，让人从体内温热到体外，达到促进新陈代谢、提高免疫力的效果。

旅馆内另有独立的温泉栋有马山丛·陶泉，浴场内使用的是有马的名泉金汤。有马温泉含有7种成分，是世界上少见的复合性温泉，所谓金汤、银汤指的是温泉的颜色；铁与盐分含量高的金泉原本无色透明，但在涌出地面与空气接触后，会转为独特的茶褐色，因而被称为“金汤”，“银汤”则是无色透明的碳酸温泉。现在的有马温泉泉量并非那么充足，所以这儿使用的虽是来自御所泉源和妬泉源的金泉，但并非源泉挂流，而是由御所坊运来，置于特制储存槽提供给御所别墅的客人。由于有马山丛·陶泉的浴场只有室内浴池，空间和浴槽尺寸都很小（据说是复原明治时代以前有马浴场的浴槽大小），因此若觉得在御所别墅泡不过瘾的人，可以前往姊妹宿陶泉·御所坊的大浴场，或持旅馆提供的免费券去温泉街的“金汤”或“银汤”公共浴场，既能住宿在舒适、新颖的空间，也不错过名泉之乐。

会客栋内空间十分宽广，溪谷侧是一家法国菜餐厅，长方形的柜台桌对着开向溪谷的大玻璃窗，窗外绿意宜人。虽说是法国菜，或许也可以说是和洋创作料理，美味的食材精选有马近郊的低农药残留的蔬菜、濑户内海和明石海峡的天然鱼贝及但马牛肉等。餐具摆盘相当有特色，白陶毛巾盘和餐具架造型朴拙、创意十足，为用餐过程增添了不少乐趣，加上侍酒师杉山先生非常专业、让人放心，所以当晚我特别点了瓶2004年的嘉雅好酒佐餐！

旅馆整体包括建筑与装饰特别请来名艺术家绵贯宏介[3]“总监修”，馆内所有书画和牌匾都是他的作品，所有摆设皆经过他亲自指导，许多家具、灯饰和餐具也都是他为有马山丛·御所别墅设计、定制的。我非常喜欢绵贯先生的

注

1 有800多年历史的陶泉·御所坊创业于1191年，曾出现在唯美派大师谷崎润一郎的小说《猫与庄造与两个女人》中。陶泉·御所坊旗下有所谓的“御所三坊”，这三家旅馆，除了历史最久的陶泉·御所坊，还有有马山丛·御所别墅及花小宿酒店。

2 10间房皆可住2 ~ 4人，分别是平屋“庭之筑山”3间、“池之畔”2间，以及两层式“泷川之川”（和洋融合，含榻榻米区）5间。

3 绵贯宏介以“无汸庵”为号，曾长期住在葡萄牙和西班牙，是少数能均衡、融合东西方艺术美感与优点的艺术家，曾受邀为关西许多名牌商品设计包装，像知名食品公司“本高砂屋”、茶品“宇治园”及丹波名酒“小鼓”等，很多喜欢日本食品的人应该都有印象。

1. 有马山丛·御所别墅房内空间虽大，各类细节却丝毫不马虎，让人住起来很愉快。连同温浴室内的电视，房内共有3台电视，书桌上还有可上网的计算机；吹风机“穿”了特制“皮衣”，触感讲究。2. 有马温泉街上的碳酸煎饼名店。碳酸煎饼就是用有马碳酸温泉制作的脆饼，吃起来像没有夹心的法兰酥。3. 有马山丛·御所别墅原本是关西财阀的别墅地，四周优雅静谧，与坡下热闹的温泉街仿佛是两个世界，而两地间不过8分钟的步行距离。4.5. 家具的风格统一，结合了木工、锻铁和马具皮革匠人的手工，使用上兼具格调与舒适感。

有馬名產
炭酸煎餅本家
三ツ森舗

1	2
3	4

1. 虽说是法国菜，或许也可以说是和洋创作料理，美味的食材精选有马近郊的低农药残留的蔬菜、濑户内海和明石海峡的天然鱼贝及但马牛肉等。2. 以淡路岛新洋葱制作的天鹅绒酱汁非常好吃，沾面包更是一绝！ 3. 侍酒师杉山先生非常专业、让人放心。4. 明石海峡海流强劲，所产鲷鱼堪称日本第一。菜品中的明石海峡“樱鲷”（春季鲷鱼），仅用清蒸的做法就是十分鲜甜的美味。

有马山丛·御所别墅

地址

〒651-1401 兵库县神户市北区有马町958

电话

078-904-0554

房数

10个（平屋5个，两层式公寓5个）

浴池

大浴场2个

网址

www.goshobessho.com

设计风格——虽然是西式的环境，时髦的复古中却让人无时无刻不感受到和之美，因而形塑了日本温泉旅馆中独一无二、洋风和魂的美感空间，更成功地呈现出神户特有的异国氛围及贵而有品的有马风情。

辑五

中国与四国

Chugoku
Shikoku

庭院之宿·石亭

大谷山庄

别邸音信

古稀庵

Hotel Ridge Narwto Park Hills

图 / 别邸音信 山口县·长门汤本温泉

庭院巧趣与数寄屋之美

石亭 庭院之宿・石亭

广岛县・广岛宫滨温泉

俗称“宫岛”的严岛位于广岛县，在日本三景中知名度最高，岛上的严岛神社与后方的弥山原始林，于1996年被列为世界文化遗产。严岛神社矗立在海面上的朱红色的鸟居，代表着连接人间与神域的结界，也是许多没到过的日本的人对日本风景想象的起点。

就在宫岛的对岸，有一家我非常喜欢的日式旅馆——石亭（庭院之宿・石亭）”，这家旅馆是造访宫岛时不容错过的名宿。石亭背倚经小屋山，位于斜坡上的旅馆建筑前拥庭院，隔海远眺日本人心向往之的宫岛。或许正是“神之岛”的灵气，让这个游心满溢的庭院之宿难掩秀逸，石亭更以美食著称，在传统温泉旅馆中评价很高。

石亭是由宫岛名吃穴子饭老店上野的第三代老板于1965年创建，如今已交给第四代的上野纯一。这里的庭院是“池泉回游式”，以锦鲤悠游的水池为中心。本馆占据着高处的中央，用长廊连接离室左右，环抱着由高往低倾斜向对岸的庭院，借景濑户内海和严岛弥山。无论从旅馆的哪个角落，客人都可以享受到庭院美景。[1]

旅馆占地近5000平方米，总共只有12个房间：本馆二楼的3个房间、7个离室，以及2个也可以住宿的“四阿”，每个房间的大小、格局、装潢、家具都完全不同。由于旅馆主人事事亲力亲为，多年来常态性地对旅馆进行增建、改建，因而旅馆在设计上也处处呈现主人个人风格与品位，可以说是一家非常有个性及巧思的趣味温泉旅馆。多数旅馆的房间即使号称内部装潢各异，同类型的房间格局和内装其实多半大同小异，印象中好像没有一家旅馆能像石亭那样，让我对各有特色的每个房间充满好奇，想每间都尝试看看。

本馆二楼的3个房间“芭蕉”“连舞”和“夕凪”位于全馆最高点，近赏庭院，远望可见漂浮在濑户内海上的牡蛎养殖筏。7个离中面积最大的“大观”位于面海右方的尽头，是向外突出的“高床式”建筑，有两面向外的缘侧走廊，开放感最佳，但房内格局设施是为多人入住而设计的，因此若只有2人住反而不理想。“圣山”的缘侧外有藤棚，想必是五月藤花季最抢手的房间。两层式的离“抱月”“游僊”和“老松”都有可外眺的桧木半露天浴池，除了卧房以外，还另有可眺望庭院的书斋风小房间，是我心目中最具有“石亭流”风格的房子，也是全日本温泉旅馆中少数深得我心的两层式客房。

石亭的每个客房都以传统纸拉门隔成多个小间，但不至于让人感觉混乱；面对庭院可观景的桌椅摆设都经过用心安排，细节处理得很好，古典而不显陈旧。唯一比较让人不习惯的是，有不少房间互相看得到室内，在庭院散步也可以看到某些房间内部，因此客人难以同时拥有开放感与隐私。还有房内并无温泉，也都没有露天浴池，因此若想享用温泉，必须前往男女交替制的公共浴场或是贷切浴池。其实在2008年以前石亭只有10个房间，几个四阿原本是设计为贷切浴池，但由于设备和空间都相当于1个小房间，因此后来旅馆将其中有露天浴池的“安庵”和半露天的“居中庵”改成了能计时租用也能住一宿的

竹

房间。最后增设的贷切浴池“蓬莱亭”装饰最时髦，虽未列入总房数中，安排客人在此住宿也没问题。

尽管每个房间各有异趣是石亭最吸引人的特色，我终究只能享用到一个房间，幸好石亭的公共区域也很有看头。旅馆整体面积虽不算大，却有许多值得玩味的空间分散在各个角落，像是隐藏在“大观”下方的“凡凡洞”、有数千本藏书的“吸吐文库”、位于庭院一隅的小小品茶空间“草草亭”等。我最喜爱位于本馆休息室下方的地下沙龙，在古董家具和趣味摆饰的环绕中，各式各样名家设计的造型椅对着庭院方向一字排开，是让人可以安静舒适地窝在里面的秘密空间。

上野家所经营的穴子饭老店——上野代表着宫岛的“味觉”，因此旅馆在餐饮方面也下了不少功夫，开业以来一直是闻名全日本的美食旅馆。这些年在与外国美食与创新料理的竞争中，谨守传统的“石亭”料理虽然没有让人意外

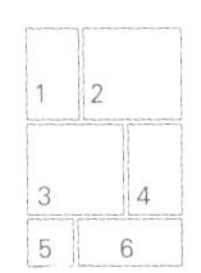

1. 从离室的“座敷（日本式客厅）”可直接走下庭院在草坪上散步，从不同的角度欣赏庭院景致。2.“抱月”和“游仙”的二楼有可眺望庭院的桧木浴池，虽然浴池位于室内，但房间窗户可以全部打开，开放感相当好，因此有半露天的感觉。3. 休息室的桌椅是当地木工名家松本宽治的作品。4. 位于本馆二楼的三房中，我最喜欢的是“芭蕉”，面窗的长条桌旁摆了一张名家摇椅，很有味道。5. 虽没给客人去大浴场时用来携带私人物品的浴池敷小袋，但提供藤编提篮，上有房间名称吊牌，十分可爱。6. 本馆休息室下方的地下沙龙，在古董家具和趣味摆饰的环绕中，各式各样名家设计的造型椅对着庭院方向一字排开，是让人可以安静舒适地窝在里面的秘密空间。

的新鲜感，却是道道实在的美味。除四季都有的名吃穴子饭之外，沿用古老方式育成的牡蛎让人惊艳。平常我不太敢吃牡蛎，但宫岛的带壳牡蛎大小适中，汤汁鲜甜，浓厚却没有腥味，再加上几滴酢橘汁，真是让人难忘的美味。

石亭以性价比高著称，但必须注意的是这里办理入住手续和退房手续的时间与多数旅馆不同，滞留时间特别短，旅馆借此顺势推出各种提早入住或延后退房的加价方案，的确不失为压低定价、又可为客人提供弹性选择的好方法。计划造访宫岛之前，不妨好好研究一下旅馆网站，预做安排，才能悠闲又尽兴地体验石亭的庭院巧趣与数寄屋之美。

石亭

地址

〒739-0454 广岛县廿日市市宫浜温泉 3-5-27

电话

0829-55-0601

房数

12个（附露天浴池1个）

浴池

大浴场2个，露天浴池2个（男女交替制）。

网址

www.sekitei.to

注

[1] “池泉回游式庭院”是日式庭院的基本形式，被认为最适合旨在让人放松的旅馆环境。后来才发展出来的枯山水庭院，极简的象征符号发人深省，多存在于禅寺中。

在温泉旅馆中观星

大谷山庄

山口县・长门汤本温泉

山口县是日本本州岛最西部的县，自古就是与中国、朝鲜交流互动的要冲，幕末以来更以“出产”政治家知名，日本历届首相中有九位，都出身山口县。从下关前往萩市，途中最佳的落脚地点就是历史悠久的长门汤本温泉。

长门汤本温泉区的中央，优美的音信川蜿蜒而过，所有旅馆都沿着川边而建。据传江户时代，一位在此处茶屋工作的汤女[1]爱上游客，将无处诉说的思念写成情书，放在竹筒中放流，托付河川将“音信”与心愿传给远方的爱人，这就是凄美的“恋传说”，也是“音信川”名称的由来。汤本温泉旅馆合作社受这个传说启发，每年举办“恋文（情书）”比赛，已经举办了十几届。有诗兴但不想参加比赛的人可以向各旅馆购买长条形的诗签，在纸条上写下心愿并放入水流，体验浪漫的恋爱气氛。小纸条一枚约 3 元人民币，是用能在水中溶解的纸制作的，所以可以安心放入水流，不会造成环境问题。

音信川另一个迷人的特色，是沿岸美不胜收的樱花，我多年前就是为了赏樱来到长门汤本温泉，因而与此地最具代表性的温泉旅馆大谷山庄结缘。20 年来，除非在大都市，我已经很少住宿大型旅馆，不过有 129 个房间的大谷山庄不论在装饰、食物和服务上都相当细腻、出色，因而让我留下了好印象。

不过当年大谷山庄最让我印象深刻的，不是温泉、美食或服务，而是旅馆屋顶上的小天文台。这个私人小天文台有可以观星的天文望远镜，天气好的话，每天晚上 7 点到 10 点会对客人开放。一个旅馆为什么会设置天文望远镜呢？我实在很好奇，于是找机会请教了大谷山庄的小老板大谷和弘先生。

大谷和弘先生告诉我，他的祖母从小就非常喜爱一位当地的女诗人金子美铃[2]。金子美铃有一首诗叫《看不见的星星》，诗人在诗文中似是自问自答：

天空的深处有什么？
天空的深处有星星。

星星的深处有什么？
星星的深处也是星星。
有眼睛看不见的星星。

眼睛看不见的星星
是什么样的星星呢？

金子美铃以白天的星星来形容很多肉眼看不到的东西事实上都存在，只是被我们忽略了。大谷先生的祖母后来到美国旅行，参观 NASA 时通过天文望远镜亲眼看到了诗人所说的“看不见的星星”，深受震撼，返日后便要求儿子，也就是大谷先生的父亲大谷峰一社长，耗资 121 万元人民币，在旅馆顶楼建了小天文台。

关于日本旅馆的故事，这是我听过最可爱的一个。故事中的女主角有两位，一位是要求很与众不同的大谷老奶奶，另一个则是影响她至深的女诗人金子美铃。

1 3
2 4

1. 2000年增建的川侧“芙蓉馆”房间最大，视野最佳。2.“芙蓉馆”最高层七楼的“挂流露天浴池附和洋室”可以眺望音信川，现代化的房内规划与动线相当理想，有传统温泉旅馆的气氛，也有洋风的舒适感。3. 音信川两岸都是樱花，美不胜收。这里是知名赏樱景点，又不会挤满游客，沿川散步浪漫惬意。4. 旅馆的硬件维护相当用心，图为“芙蓉馆”的和洋室浴池。

注

1 在澡堂或温泉旅馆为入浴客人服务的女人。

2 金子美铃，1903年出生于山口县大津郡仙崎村（今长门市仙崎，离长门汤本温泉不远），是大正末年到昭和初期的童谣诗人，创作虽才短短几年，却有500多首作品传世，其中更有多首被收录在日本的中小学语文教科书中。

金子美铃是大正末年到昭和初期的童谣诗人，她的诗多是关于大自然与生活的观察，文字纯朴却细腻、深远，看似清丽、明朗，却总有股说不出的阴郁与哀愁。不幸福的婚姻，让她离婚后以26岁青春之龄自杀，这个富有才华的女诗人在浪漫、美好的明治大正时期，如同流星一般一闪而逝。

一个童谣诗人对家乡粉丝的影响，竟能在近百年后以这样的方式呈现！温馨的小故事不但为旅馆平添风情，也让人感受到大谷家族的主事者个个有见地，而他们能一再通过修整、增建使旅馆迎合时代需求、走在业界前沿，更展现了胆识与远见。即使大谷山庄2006年推出了顶级的别邸音信，我最近一次于2014年樱花季造访时，发现大谷山庄仍然在进行局部整修，更新装饰并增设西室床铺，以提升舒适度。

虽然后来几次我都住在别邸音信，但我每次都会到大谷山庄的大厅喝咖啡、听爵士乐演奏，逛逛艺廊和商店，仰望星星，遥想诗人情怀，啜饮萩烧[3]杯子盛装的咖啡，享受天皇与大名（日本古时对封建领主的称呼）指定下榻旅馆的尊贵气氛。

大谷山庄

地址

〒759-4103 山口县长门市深川汤本2208番地

电话

0837-25-3221

房数

129个

浴池

大浴场2个

网址

www.otanisanso.co.jp

注

3 萩烧，是指在山口县萩市烧制的陶器，以温润的质感受到品茶人喜爱，自古就有“一乐二萩三唐津”的说法，是日本最高级的茶碗产地之一。

豪华摩登温泉旅馆的极致

别邸音信

山口县・长门汤本温泉

2006年，山口县长门汤本温泉的顶级旅馆别邸音信开业，立刻成为全日本温泉旅馆的标杆与仿效对象。即使时隔5年，同样在山口县的另一家高档温泉旅馆古稀庵，也延请与别邸音信相同的建筑设计师池田千博，采取类似的格局和装饰。别邸音信以现在的标准来看，依旧十分时髦、舒适，至今还是本州岛西部中国地区的温泉旅馆首选。

“音信”之名，来自流过旅馆前方、有着浪漫传说的音信川。穿过户外围墙面川的气派大门，再经过一道自动门，眼前是一方设计清简的露天浅盘水池，至此尚未进入室内，还要绕行水池周围的回廊，才会走进玄关。脱鞋走上开放空间的玄关休憩区，面对庭院的舒适沙发让人感受到南洋慵懒的休闲气息，但脚下踩的却是榻榻米与木质组合的日式地板，头上还有寺庙伞亭式高屋顶，风格相当大气、有品位。旅馆的大厅在左手边的自动门后，刚抵达的客人，会先被引导至右手边的茶室“一峰庵”，享用迎宾茶与点心。这一重又一重的空间变换，是进入别邸音信时与众不同的仪式与趣味，仿佛借此为游客涤净旅途的疲惫。

别邸音信是长门汤本温泉名旅馆大谷山庄的别馆，与本馆比邻，各有大门出入口。别邸的客人可以经由连通道自由进出大谷山庄，使用本馆的公共设施，但大谷山庄的客人则无法进入别邸。大厅以沉稳的咖啡木色为基调，空间宽敞、开放是这里的最大特色，但装饰、摆设却非常细腻、讲究，一丝不苟。

只有18个套房的别邸音信可说是豪华摩登温泉旅馆的极致，虽然每个房间都有自己的桧木内汤浴池和温泉露天浴池，旅馆还是提供大中型旅馆规模的大浴场和公共空间，大浴场设施丰富、多变化，浴场的内浴池还另有寝汤及岩盘浴。如果客人玩过这些仍觉得不够过

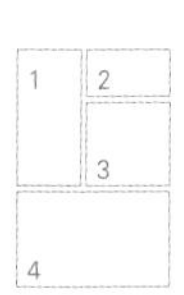

1. 窗景。2. 别邸音信入口玄关的景观池，与覆雪的走廊屋顶形成宛如黑白对比的水墨画，更显禅意。3. 露天温泉。4. 我难得到本州岛最西边的长门汤本温泉游玩，却碰上了日本6年来的最大风雪。前一天还是好天气，但我一觉醒来，发现房间外的阳台座椅已“披”上了一层薄薄的白雪。

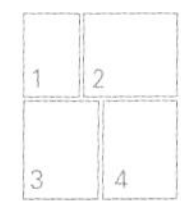

菜的味道整体比较清淡，但还是很美味，餐具摆盘也都非常漂亮、讲究，除了萩烧，也使用贵气的有田烧。难得有美丽的雪景“佐餐”，真是极为奢华的享受。

瘾的话，还可以到本馆大谷山庄的大浴场，泡到尽兴为止！

18个房间分为A型、B型、C型、D型、E型、F型、G型7种房型，都是空间十分宽敞、舒适的和洋室，最小的两层式F型就有69平方米，最大的D型也是两层，有139平方米。不过我一向觉得两层楼的房间得爬楼梯，很麻烦，对膝盖也不好，因此每次去别邸音信都选择第二大的单层A型（114平方米）201号或301号房，房间有设计别致的圆弧形外凸阳台和椅区。这两个房间都是有两面窗的角间，就位于入口上方，往下看就是似镜如画的方盘水池，阳台前方可眺望音信川对岸山峦，视野最好。房内吧台的设计也很理想，小冰箱内的饮料统统免费。冰箱内还准备了蜜柑果冻和巧克力，有时提供多种口味的当地名产鱼板，都是很棒的美味小点心。

2012年2月，我难得在非樱花季前来长门汤本温泉住两晚，第一天白天天气还好，没想到晚上却碰上20年来最强寒流，连夜暴雪带来日本6年间最大雪量。第二天早上我一觉醒来，发现外面阳台桌椅上就覆了一层白雪，窗外宛若另一个世界，有时雪稍停歇，太阳熠熠生辉，有时又天色顿，暗大雪纷飞，非常非常美。据说此地一年难得下一次雪，让我碰到这般梦幻的雪景，实在开心。由于大雪打乱了铁路班次，许多客人临时取消订房，所以第二天整个白天，两家旅馆就服务我和同伴两人，从别邸音信到大谷山庄，泡温泉、做SPA、喝咖啡赏雪，在这么棒的旅馆处处“包馆”，真是一种极好的享受。

长门汤本温泉与当地名刹大宁寺渊源颇深[1]，别邸音信于是据此设计出独特的“典座料理”[2]。“典座”是禅寺中负责食事料理的役职，别邸音信的厨师长尾崎保先生参考大宁寺的“精进料理”，将健康蔬食制作成“音信风”的“典座料理”，以晚餐第一道前菜的方式呈现，巧妙地带出历史背景、创造当地趣味。菜的味道整体比较清淡，但还是很美味，餐具摆盘也都非常漂亮、讲究，除了萩烧，也使用贵气的有田烧来表现奢华感。

早、晚餐都在餐厅享用，和食在餐厅“云游”享用，另外还有一个法国菜餐厅“瑞云”，别馆的客人也可以选择到“大谷山庄”二楼的铁板烧餐厅“萩”享用晚餐（需预订），像下大雪那一天

的第二天，我就吃了铁板烧。由于当晚客人很少，整个用餐时间只有我和同伴，于是我们被安排在餐厅深处最好的位置，可以边看厨师做菜边赏窗外的庭院景色，尤其当晚刚好下雪，加上夜间点灯，真是美极了！

一进入大厅的左手边有个酒吧“The Bar Otozure”，酒吧的设计非常棒，若客人坐在吧台，透过酒保后方的大片玻璃窗，就可望见入口回廊的水盘。入夜水池会点灯，客人可以边看酒保调酒边欣赏庭院夜景。除吧台位置外，后方有几个弧形高背沙发，三五好友围坐边喝边聊也很惬意。如果你有机会来访，我建议回房休息前一定要来小酌，千万不要错过这享受浪漫的难得机会。

注

1 长门汤本温泉与当地名刹大宁寺渊源颇深，传说近600年前，住吉大明神为答谢大宁寺的住持定庵禅师而涌出温泉。

2 斋菜，素食。

别邸音信

地址

〒759-4103 山口县长门市汤本温泉

电话

0837-25-3377

房数

18个，皆附露天浴池

浴池

大浴场2个，露天浴池2个，岩盘浴

网站

www.otozure.jp

狐狸的故乡

古稀庵

山口·汤田温泉 古稀庵

山口县·汤田温泉

日本最爱狐狸的地方，莫过于山口县的汤田温泉。800年历史的汤田温泉，一日涌出2000吨的天然温泉，关于“开汤”的原因有个很有趣的“白狐传说”。据说当时汤田的权现山麓有间寺庙，旁边有个小水池，每晚都有一只白狐前来，把受伤的脚放进水池浸泡，寺庙的和尚因此前往水池挖掘，竟发现了汤田温泉的源泉。

现在的汤田温泉区处处都是造型可爱的狐狸雕像、石像和造型娃娃，汤田温泉也以狐狸为吉祥物，还创造了一只超可爱的狐狸角色“悠太”来“负责”观光宣传，难怪这里的商店里看不到招财猫，只见“招财狐狸”。

汤田温泉附近除了秋芳洞外，没有什么其他观光景点，在曾经盛极一时的团体温泉旅行没落之后，以大旅馆为主

1. 房内浴室。2. “萤葛”房内的内浴池，外面就是景观泳池和庭院。3. 餐厅“樱之香”的独立餐室空间宽敞，装修大气、雅致。4. 服务相当细腻，当我一坐在足汤旁，服务人员立刻送上毛巾。5. 我选的是两个最大房间之一的“萤葛”，房间的配置和设动线计得很理想，冰箱内的无酒精饮料都免费，全馆无线上网，非常方便。古稀庵毕竟比别邸音信新，业主又专营金属建材，房内浴室区及露天浴池在设计和使用上感觉比别邸音信更好。

的汤田温泉近年来显得有些萧条。直到2011年5月，一家全新的旅馆古稀庵开业，总算吸引了我的目光，于是我决定利用2012年初再访别邸音信之际，顺便前往。

古稀庵虽位于大型旅馆云集的市街上，但由于1万平方米的土地上只建了16个房间，保留了大面积的庭院绿地，感觉相当宽阔、闲适。传统旅馆型的大门十分气派，但内部装修与设施却是西式休闲旅馆的风格。刚进入大厅，我就忍不住问大厅经理小柳一好先生，内部氛围怎么有点像别邸音信？不出所料，两家旅馆的室内设计果然出自同一位设计师！

以木材与美丽梁柱为主题的大厅中央，一大面如隔间墙的石砌火炉巧妙划分出不同空间。洗练、沉稳的大厅外就是一片绿地，周围有足汤和度假村风的躺椅，旅馆以“和魂洋彩”结合东西古今的意图一目了然。大厅靠着周围落地窗的一角是图书室，大木桌上除了杂志，还有个iPad，搭配了时髦的苹果专用玻璃音箱，既实用又美观。图书室连接整个大厅，是非常舒适的活动、休憩空间，客人也可自由带书架上的书回房内阅读。

所有房间都是双拼独栋离的形式，皆有房内挂流式露天浴池。一楼的房间依房型不同，有的附足汤，有的附景观池，只有两间最大的独栋离附景观泳池，就像是巴厘岛别墅的游泳池，而这些功能不一的水池，应该算是古稀庵最与众不同的特色。[1]

虽然每个房间都有露天浴池，古稀庵还是提供男、女两个大浴场“轻鸭”和“角鸥”，各有内汤和露天浴池。我很欣赏这里大浴场的设计，内汤与露天浴池紧紧相连只隔着落地玻璃窗，当天气好时若把玻璃窗打开，室内浴池就像是半露天的。而且有扶手和走道，客人可直接从室内浴池跨进外面的露天浴池，不像一般浴场的设计，客人总得从内汤起身，绕着池子走，再开、关一两道门，才有办法走到户外。大浴场外有SPA“姬沙罗”和浴场休息区，都很舒适、漂亮。SPA的芳疗连锁Land & Human总部在福冈，与别邸音信的Grand SPA是同一家，我特别在晚餐前安排了90分钟的身体按摩，按摩师虽然年轻，但手法相当纯熟。

我在餐厅“樱之香”吃了早餐和晚餐，餐厅落地窗后就是大厅外的绿地，庭院中间种了几株樱花树，看餐厅名字就知道，樱花季的庭院美景值得期待。餐厅空间相当大，有大厅区、单间、独立的铁板烧区，也有户外座位区，装饰精致、气氛一流。晚餐虽然没有使用什么稀奇、珍贵的食材，菜品需要手工，程序部分感觉也没有非常细腻，但味道、分量、食器和摆盘都相当好，搭配山口县好水酿制的大吟酿，充满舒适度与幸福感。

晚餐后我在大厅闲晃，才觉得奇怪，怎么一直没看到其他客人？一问之下，原来当天只有我们一组客人，“包馆”！当时我不好意思在图书室和酒吧多逗留，迅速回房，好让工作人员可以早点下班啰！

古稀庵

地址

〒753-0056　山口县山口市汤田温泉 2-7-1

电话

083-920-1810

房数

16个，皆附露天浴池，特别客房离室有景观泳池，依房型不同有足汤或景观池

浴池

大浴场 2个

网站

www.kokian.co.jp

注

1 即使在房内泳池游泳，也必须穿泳衣。客人没有带泳衣的话可以向旅馆借。不过冬天实在太冷，房内有露天浴池，馆内又有大浴场，实在没那么多时间游泳！

望向鸣门海峡

Hotel Ridge Naruto Park Hills

德岛县・鸣门岛田岛温泉

几年前我曾来到四国德岛鸣门的Hotel Ridge，纯粹是冲着大师小山裕久的餐厅古今・青柳[1]。出身德岛的小山裕久是20世纪日本料理宗师汤木贞一的得意弟子，修业结束后回乡主持老家的料亭青柳，并于2006年夏天随着Hotel Ridge的开业，将餐厅迁移至旅馆旁，改名古今・青柳。

令人惋惜的是，这家餐厅已于2014年歇业。[2]当年的古今・青柳和Hotel Ridge同位于被称为“Naruto Park Hills”的复合设施中，而整体设施都包含在“濑户内海国立公园”的范围内。从本州岛前往德岛没有电车，只能自驾或搭公共汽车、出租车经明石大桥和大鸣门桥跨越淡路岛。即使是飞到德岛机场，再搭车到旅馆也还要30分钟，因

而专程一趟前往古今·青柳并不轻松。若想好好在古今·青柳享用一顿晚餐，自然该在 Hotel Ridge 住上一晚，只不过这个旅馆不提供迎送服务，所以光是往返的交通费就相当惊人。

旅馆和餐厅都位于向北突出的海岬上，因而除了明媚海景，还可眺望大鸣门桥，景观一流。占地 66 万平方米的“Naruto Park Hills”在绿意包围中的建筑区域呈两端较大的横倒骨形，主要分为三个区块：最右边的独栋餐厅 California Table、中间的旅馆区（包括 The SPA 与 Hotel Ridge），以及最左边的餐厅区。

旅馆腹地宽广，总共却只有 10 个房间，都是离式平房，面海一字排开，以室外走廊相连。10 个房间中有 4 个和室、6 个洋室，洋室面积虽然大一点，但我比较喜欢和式的风格，因而选择和室，其实现场看和室房也算是有床的洋室房了。和室房的格局比较特别，打开户外铁门，沿石径进入内门后是一个有户外感但实为室内的玄关区，卧房与卫浴分别在两侧，从每一区都可以望见大鸣门桥。不论室内外都以墨黑色调为

1. 从树的间隙可以看到不远处的大鸣门桥。2. 卫浴区有地热，踩起来非常舒服；日用品采用欧舒丹的产品，相当齐备，也有大冢制药的一些产品样品可以试用。唯一比较不便的是，要开门穿过玄关区，才能到卫浴区。3. 装修虽简单、朴素，一些装修上的细节还颇值得玩味，像是细格纸拉门及如蚕茧造型的和纸灯等，细腻又大气。4. 小山裕久的名菜“文箱八寸”集合了 16 种美味。5. 男汤露天浴池的大露台可观赏海景。6. 房型有和式与洋式，我事先从网站上看过照片，比较喜欢和式的风格，因而选择了和室，其实现场看和室也算是有床的洋室，只是和式的床比较低，洋式的沙发大一点。

主，装饰简单、朴素，但又不会像二期俱乐部东馆那样有点太极简，一些装修上的细节颇值得玩味。卫浴区有地热，踩起来非常舒服。唯一比较不便的是，要开门穿过玄关区，才能到卫浴区。

为了建设这个旅馆，宿方从地下1500米深处挖掘出温泉，命名为“鸣门岛田岛温泉”，不过房内浴室并没有温泉，必须到SPA栋的浴场去享用。SPA栋一楼是芳疗处，二楼则分男女浴场，都有源泉挂流的内汤和露天浴池，只是浴池和浴场空间都颇迷你。我猜想这些设施或许本为企业招待的用途，因而比较重男轻女——男露天浴池在大露台上，不但视野较为开阔，还可观赏海景，女露天浴池里客人则只能抬头“看天”或看眼前的竹篱。做法与以女客为主的多数旅馆不同，是让我感到比较不满的地方。

旅馆名来自英文Ridge，除取位于高处的山脊之意，更是以加州名酒厂Ridge为名，因此旅馆酒窖当然收藏有大量Ridge酒庄的酒。旅馆区旁对外经营的西式餐厅因而取名为“California Table”。旅馆宿客就餐使用的空间是最左边餐厅区的Dining和Bar & Lounge。在古今·青柳尚未闭店之前，客人可以选择在Dining，或前往一旁独立经营的古今·青柳享用晚餐。

虽然古今·青柳已不存在，我还是要回味一下那次相当难忘的用餐经历。傍晚车才刚抵达餐厅，我就瞥见女将已率领四位仲居，一字排开跪在玄关，等待迎接客人。约500平方米大小的优雅数寄屋空间，共有6个餐室，还有1个相当大的枯山水庭院。

小山先生听说我要来访，虽然当日在东京有公事，仍特地搭机在晚餐前赶回来，亲自坐镇指挥。除了小山先生的名菜“文箱八寸”，我印象最深的一道菜是“蟹向”，“蟹向”巧妙混合了各种顶级食材的滋味。想象一下味道甜美、分量十足的蟹肉，与蟹膏、蟹黄、鲍鱼、海胆、海带芽、柴鱼冻及超细的白萝卜丝在口中交会，各自突显却又互不冲突，堪称一绝。不像京怀石的绝对精致、细腻，这道菜有着顶级食材的高贵、十足的分量，同时表现了德岛海域得天独厚的丰饶，个人认为这是最能显现小山先生特色的极品。

现在虽然再也无法在Hotel Ridge享用到大师做的美食，但我听闻这一年多来餐厅Dining表现不俗。Hotel Ridge规模虽小，服务水平却出乎意料地高，服务人员的素质都相当好。因此若前往德岛的大冢国际美术馆参观，可以考虑在这里住一晚，体验一下大企业的招待文化[3]。就算不到此住宿，从大冢国际美术馆到餐厅 California Table 有免费的巴士（车程七分钟），不妨利用观赏鸣门漩涡和美术馆前后的时间前往，悠闲地享受一顿以美景与美酒佐餐的美食。

注

1 2007 年底第一本东京米其林美食评鉴问世，和食三星的“小十”“神田”和二星的“龙吟”（今三星）主厨都出自小山裕久门下，让这位“师匠”的魅力从日、法美食界蔓延到全世界。

2 德岛的古今・青柳结束营业后转往东京港区麻布台（就是现在的东京・青柳），如今前往 Hotel Ridge 已无法享用到大师做的美食。小山先生以刀工与烤香鱼绝技知名，几位独立出来的弟子也都将这一绝技传承并发扬光大。比较奇怪的是小山先生自己过去所经营的餐厅都不大顺利，东京有好几家开了又关，比如之前的虎之门・青柳。我还没有机会去东京・青柳，不过我很喜欢由小山先生监制菜单的三田“婆娑罗”，性价比不错，招牌菜“西红柿寿喜烧”是我最爱的美味之一。

3 大冢国际美术馆是大冢制药集团所设立的陶板名画美术馆，使用特殊技术复制与原作尺寸相同的西洋名画千余件，十分逼真，让参观者可以不用周游列国就尽览世界名画，非常值得造访。很多人都知道大冢制药的明星产品“宝矿力”，在住宿旅馆期间可以喝个够。

Hotel Ridge Naruto Park Hills

地址

〒771-0367 德岛县鸣门市濑户町大岛田字中山 1-1

电话

088-688-1212

房数

10 个（和室 4 个、洋室 6 个）

浴池

大浴场 2 个

网站

www.hotel-ridge.co.jp/own/hotelridge.asp

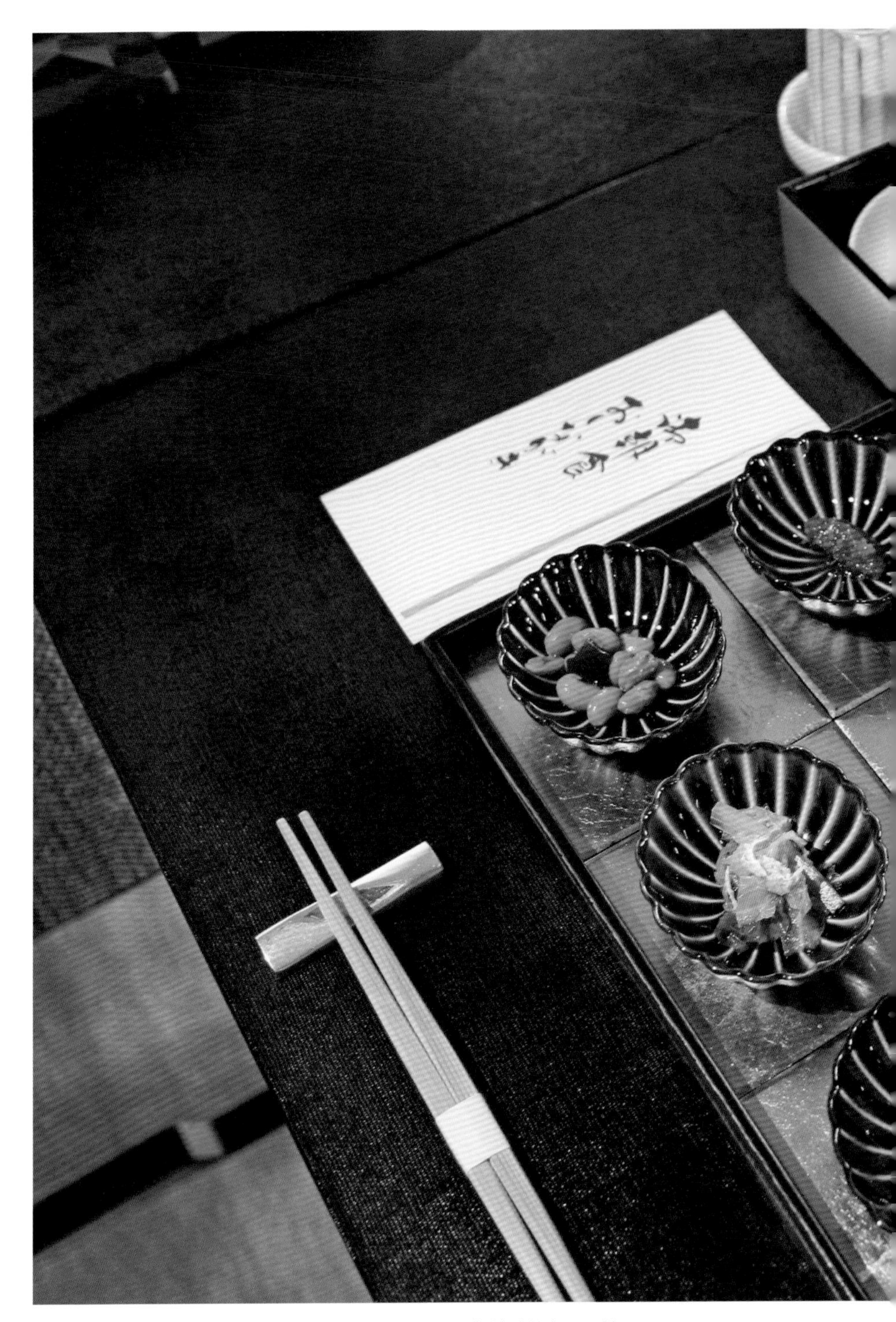

我造访时的早餐虽在餐厅享用，但精致的十二皿早餐是由古今·青柳所制作的，非常丰富、豪华。

Hôtel Grèges

旅亭・半水卢

石山离宫・五足之靴

忘怀乡雅・叙苑

天空之森

界・阿苏

龟之井别庄

由布院・玉之汤

无量塔

辑六

九州

Kyushu

图 / 旅亭・半水卢 长崎县・云仙温泉

福冈恋人圣地
Hôtel Grèges

福冈县·宗像市

2009年开业的Hôtel Grèges位于福冈东北方宗像市的海边高台上，仿地中海风格的白色建筑内除了餐厅、宴会厅和教堂，总共只有6个房间，是个以婚宴会场为主的度假饭店。整体设施的装修设计由知名法国室内设计师Catherine Memmi负责，内部也都采用白色调，讲究的建材搭配名设计公司Cassina IXC监制的家具，设计感十足，看起来摩登却不失优雅。

由于Hôtel Grèges的主要业绩不是靠住房营收，因而旅馆虽仅6个客房，宿客却能享用到超级宽敞、华丽的玄关与公共空间，面海一字排开的每个房间都有坐拥海景的大阳台和大按摩浴缸，非常舒适，相当适合家族或亲友旅客包馆。这里不但欣赏落日的位置和角度一流，建筑跟海的距离更是恰到好处，海浪声听起来非常悦耳，不会干扰睡眠。旅馆餐厅L'Orchidée Blanche午、晚餐也接受非住宿客人预约，总厨师长兵头

1	2
	3
4	5

1. 从远方观看旅馆建筑，完全是仿爱琴海的希腊岛屿风格建筑。2. 旅馆有加长型的悍马车可以租用，内部非常豪华。从旅馆到福冈机场接机单程要约1816元人民币。3. 游泳池。4. 旅馆在外为拍照取景而设置的“恋人的圣地”，现在已与福冈塔和门司港并列为“福冈三大圣地”了！ 5.6 个房间面海一字排开，超大阳台虽都坐拥海景，但从矮墙就可以看到隔壁房间，是比较不方便的地方。

1. 宴会场。2. 教堂。3. 我入住的套房 La Suite Grèges。6 个房间中除了 4 个标准房，有 2 间套房 La Suite Blanche 与 La Suite Grèges。

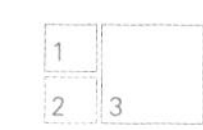

Hôtel Grèges

地址

〒 811-3501 福冈县宗像市神凑 600

电话

0940-38-7700

房数

6 个（套房 2 个），皆附按摩浴缸。

浴池

无

网站

www.greges.jp

贤马曾在法国香槟区的三星餐厅进修。不过真正让我印象深刻的，是这里比日式旅馆还要细心、周到的服务。旅馆人员虽然都很年轻，但态度谦恭有礼，应对也很得体，我还记得总经理筒井营到餐桌边来致意时，是以跪姿来交换名片。

宗像市临海的神凑地区夕阳景致虽美，但没有什么观光资源，因而少有游客造访，西眺玄界滩的海岸边干净又安静。有趣的是旅馆在外为拍照取景而设置、看起来完全不像日本景色的“恋人的圣地”，现在已与福冈塔和门司港并列为“福冈三大圣地”了！

与赤松古梅相伴

旅亭·半水卢

长崎县·云仙温泉

冒着袅袅白烟的云仙温泉以“地狱”闻名，旧名意即“温泉”，后以日文谐音改名为“云仙”，所在地云仙国立公园是全日本第一个国立公园，云仙温泉也是发展较早的温泉乡之一。

云仙温泉有一家风雅名宿旅亭·半水卢，开业于1992年，当年投入高达5.23亿元人民币的总建筑费，在近2万平方米的土地上却总共只打造14个数寄屋式的离室，堪称上世纪泡沫经济产物的最佳代表之一。庭院中移植了赤松和数百年的古梅等山野自生的自然木2万株，庭石“岩组”更是讲究，多从旧京町家运来。14个离室都是纯正的数寄屋（不是钢筋水泥建筑施以数寄屋式装修），请来50名以上的京大工和宫大工（日本修缮宫殿、寺庙等大型工程的工人）选用最高级的材料，花3年时间筑成，还从京都吉兆延请有“天才料理人”之称的石原仁司总厨师长坐镇[1]，企图表现极致的大和风华，开业早期的住宿费用一泊二食一人据说非常高！

这样大手笔的投资在日本步入经济萧条的时期之后当然难以为继，2002 年旅馆由当地老旅馆云仙宫崎旅馆接手，成为云仙宫崎旅馆的别馆，价位也变得“亲民”一些，不过依然是高价的高档温泉旅馆。云仙宫崎旅馆非常用心经营，温婉女将宫崎千鹤子的亲自迎送和细腻招呼让我印象深刻。无奈老旅馆也不景气，旅馆于 2011 年再度“换手经营”，现在的旅亭・半水卢已被纳入福冈的 Yuko Lucky Group。

旅亭・半水卢 14 个客房中有 12 个（6 栋）是巧用地面高低落差的两层式数寄屋造，每个离都十分宽敞（250 平方米），装饰品不多，却让人更能欣赏到建筑质材和庭院之美。两个附有露天浴池的单层的特别客房“椿苑”和“寿苑”面积更大，各有自己的茸顶庭门和庭院，还拥有讲究隐私的“东门”入口，无需从大门进出。“椿苑”和“寿苑”都是和洋室，有西式起居室和卧室，也有日式榻榻米客厅和走廊。与同行朋友入住的“寿苑”相比，我比较喜欢我当时住的“椿苑”，西式和日式空间都很完整，还有茶室、西式酒吧及非常别致的“眼镜窗”。

虽然在旅亭・半水卢换手经营之后我还没有机会再访，不过从网站上看旅馆硬件并没有什么变动，维持得不错，网络上的宿客风评也还是很好，总厨师长依旧是我造访时的佐佐木正[2]。旅亭・半水卢所代表的上世纪末日式奢华，对追求时尚新颖的游客或许没有吸引力，但对传统温泉旅馆和日式建筑有兴趣的温泉旅馆迷来说，倒是相当值得一探的经典。

注

[1] 石原氏于 2004 年返回京都开设料亭未在（米其林三星），至今仍是京都最难订的餐厅之一。

[2] 佐佐木正厨师长也曾在京都吉兆进修 21 年，当年与石原仁司一同来到旅亭・半水卢，因此这里的料理走的一直都是吉兆流的细腻奢华风。

旅亭・半水卢

地址

〒 854-0621 长崎县云仙市小浜町云仙 380-1

电话

0957-73-2111

房数

14 个离（附露天浴池特别客房 2 个）

浴池

汤殿 2 栋“东之汤”“西之汤”，各有男、女大浴场 2 个，露天浴池 2 个

网站

hanzuiryo.jp

我住宿的“椿苑”有独立的茸顶庭门、庭院及私人的自然石露天浴池。房内除了洋室客厅，还有纯正、雅致的数寄屋空间与茶室，代表的是 20 世纪末的顶级日式奢华。

和洋融合的一抹艳红

五足之靴 石山离宫·五足之靴

熊本县·天草下田温泉

天空火红的云色。

玻璃中火红的酒色。

北原白秋诗文中的云色赤红如酒，所描绘的，应该是他家乡九州西海岸的落日余晖。或许正因为有这醉人醇酒般的红，九州岛天草地区鬼海浦日复一日没入天草滩的美丽夕阳，才得以跻身“日本夕阳百选”[1]。

作品中总是给人浓烈色彩印象的北原白秋，似乎也特别喜欢用红色来表现异国氛围。16世纪由天主教传入日本的异邦文物、科学和文化震撼，都像是存在于奇幻的红色梦境中，教当时首当其冲的长崎和天草人既敬畏又憧憬。北原白秋的红，象征着历史上文化冲突所带来的感官解放，而这一抹艳红，也出现在天草名宿五足之靴的沙发、吧台椅和卧床饰布上。

拥有110多个岛屿的天草诸岛位于日本的国境之西，除了九州以外，不论从日本的哪个地方前来，几乎都免不了结合海陆空多路的长途跋涉。五足之靴位于诸岛中最大岛下岛的西边，从最近的大城市长崎过来必须搭船换车，从熊本市陆路前来也得穿越多个岛屿和知名的天草五桥，因此有人说，五足之靴是日本最难到达的名宿。

五足之靴也是一个自创始概念起，就从文学出发的浪漫文学之宿。独特而饶富趣味的旅馆名中，“石山”[2]指的是天草，“五足之靴”则来自于同名的旅游纪行文《五足之靴》。1907年，创办《明星》杂志的诗人与谢野宽带着当时还是大学生的新秀文人太田正雄、北原白秋等共5人（五双鞋）前往九州西部，进行近1个月的旅行，之后5人用同一个笔名轮流执笔，为报纸写下连载游记《五足之靴》，对日本后来的游记影响深远。

当年5人从下田出发，沿西海岸步行3.2千米，这一段路于1979年修复为“五足之靴文学步道”，其中一段就穿过五足之靴的旅馆用地。以3栋主建筑物和15栋离组成的旅馆，位于面向鬼海浦的山坡上，旅馆前就是天草最美的岩礁带，住宿的客人从旅馆就得以欣赏到夕阳西沉天草滩的绝景。

旅馆的主人山崎博文是下田温泉老旅馆伊贺屋的第四代主人，毕业于早稻田大学商学系。从小就立志成为世界旅行家的山崎先生，从旅行生涯中得到许多启发，因而决心打造出一个“世界旅行家心目中理想的旅馆”。日本温泉旅馆近年来离风当道，注重隐私及提供客人舒适窝居的环境，似乎已成为高档温泉旅馆的必要条件，但在这样的基础上，创造出一个生根于这块土地、独一无二的旅馆，才是山崎先生的中心理念。天草自古就以海为介与世界交流，天主教更带来了西洋与南洋殖民地的物品和影响，因此逐渐孕育出独有的文化——家乡自然与历史交错的异国情绪。正是这种文化提供了山崎先生最好的答案和方向。

2002年7月，表现“亚洲中心的天草”之宿五足之靴开业，当时只有十室，分为A、B两区，Villa A（6栋）以传统建筑技法呈现过去渔村的古民居样貌，代表着天草的过去。Villa B有4栋度假酒店风情的二阶建，主打南洋氛围的开

1. 天草五桥。2. 从“天正”外的露天Café可眺望海景，欣赏夕阳西沉。3. Villa C的所有客房都是独栋的“一轩家”，也都有露天浴池和眺望东海的视野。4. 宛如民家的 Villa C 独栋建筑入口。5. Villa C 主屋“天正”的入口上方饰有“注连绳”（日本人挂在门前的稻草饰绳，一般是在过年或祭神时才会挂），天草地区却与众不同地整年悬挂，因为禁教时期的百姓为了证明自己非基督教徒，都会在家门口挂上代表神道教的注连绳，是一个诉说着当地哀荣历史的习俗。

放感，表现受到外来影响的新天草。两区共享的主栋中有接待柜台、酒吧和读书室，建筑风格是融合日本寺社佛阁和西洋建筑物的“变形拟洋建筑”。另一栋主要建筑则是A、B两区共享的餐室“淡味邪宗门”，以北原白秋的诗集《邪宗门》来命名，也接受非宿客订位用餐。

2005年10月，位于Villa A、Villa B上方更为陡峭的山坡地的Villa C（5栋）诞生，主题为“天主教传来的中世的天草”，希望游客感受到天主教传来时代的庄严气氛。价位几乎是A、B两倍的Villa C不只增加客房，还有专用的接待处（餐厅栋）“天正”[3]，从入住到离开，活动场所、动线和料理内容都与A、B不一样。三区风格各不相同，因而挑选房间也成了造访五足之靴的乐趣之一。

我选择的C1位于旅馆最高处，必须经由专用石阶或电梯登上，海景壮观，气氛一流。3米高的屋顶加上大窗、大床，因为没有隔间而显得十分宽敞，西班牙风瓷砖铺设的双槽洗面台色彩明亮，而半茧形的白石浴缸在室内最为抢眼。

Villa C的中心建筑“天正”内部装饰的灵感来自附近的历史建筑“大江天主堂”和“崎津天主堂”。傍晚在缓缓流泻的圣歌乐声中，窝在图书室阅读、到吧台啜饮一杯旅馆独创口味的鸡尾酒，或上“天正”的露天咖啡馆欣赏夕阳西沉……天草的自然与历史经由时间的沉淀与文学的催化，在游客的脑海中激发出无穷的想象，这便是住宿五足之靴的体验中最迷人的地方。

晚餐我在“天正”餐厅的单间享用，西式空间中，端出来的却是道道经典的

五足之靴

地址

〒 863-2803 熊本县天草市天草町下田北 2237

电话

0969-45-3633

房数

15 个离

浴池

各室露天浴池，无大浴场

网站

www.rikyu5.jp

日式会席料理。在风格朴拙的九州名窑唐津烧和天草高浜烧的器皿衬托下，料理的口味与手工更显细致。名物地产鸡“天草大王”的石烧蒸锅，先用砂锅中非常热的石头烤过鸡肉块，再加入鸡汤白葱加盖焖煮，高温的石头会持续在锅内激烈地敲动并发出巨大声响，是一道结合色、香、声、味的美食秀，让人印象深刻。

日本各地温泉旅馆现在流行所谓的“洋风和魂”，却少有像五足之靴这样洋得彻底又洋得有道理的。这并不是一家无可挑剔的温泉旅馆，也绝非我所住过最舒适的旅馆，但却是我最喜欢的旅馆之一。听说 Villa D 已经在规划之中，非常期待。

注

1 天草地区的落日全国知名，沿海地形则以鬼海浦到妙见浦海岸的岩礁带最美。鬼海浦就位于旅馆的下方，从鬼海浦的观景台有一条可以下达海边海蚀崖奇岩的游步道。

2 天草的西海岸是陶石（陶土）的产地，过去被称为“石山”。

3 “天正”是日本的年号之一（公元 1573—1593 年），当时的天草迎接了东南亚和西方文化的黄金期。旅馆想要表现这样的文化历史意涵，因而将 Villa C 的主建筑命名为“天正”。

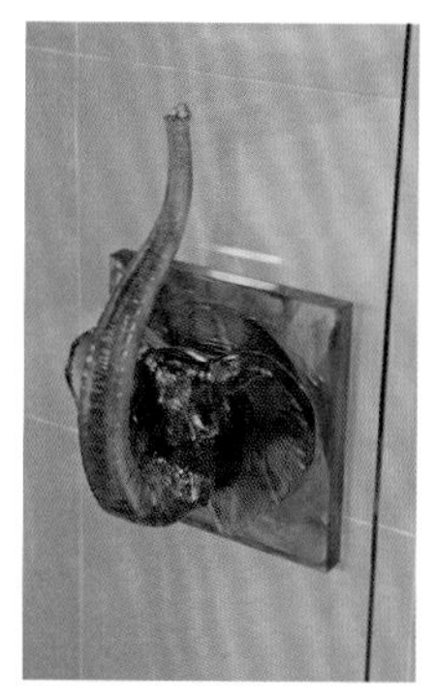

1. 门把使用动物造型的琉璃。2. 五足之靴以猫头鹰为旅馆的钥匙圈挂饰和信纸图案，是因为以前此地的山里有很多猫头鹰。3. 改良式的沙发太妃椅是山崎先生自己设计的。4. 西式的内装以功能性为主，只点缀了一些度假酒店风的铜制动物造型家具。5. 卧房区。6. 半茧形的白石浴缸为意大利知名品牌 AGAPE 的产品。唯一让我感到比较不理想的地方是浴室区内没有独立的淋浴空间，还有半茧形的设计浴缸其实观赏性大于实用性。

此道路鸡优先行走

雅叙苑 忘怀乡・雅叙苑

鹿儿岛县・妙见温泉

十几年前，有一回在东京西洋银座饭店，我和礼宾部的经理聊起了“梦幻温泉旅馆”。当时我刚开始迷上日式旅馆，因而请他提供一些名单给我。

那位经理为我准备了几份各地旅馆的精美简介，不过其中有一份非常惹眼、与众不同，灰白封面上印着一只萨摩鸡，黑白照片的排版设计十分简单，若纯以纸质和印刷精美度来看，老实说这份简介素朴到一点也不吸引人。

这家旅馆叫“忘怀乡・雅叙苑（忘れの里 雅叙苑）”，只有十个房间，位于九州岛最南端的鹿儿岛县，对东京人而言是非常非常乡下的地方。经理矶崎先生看出了我眼神中的疑虑，笑着说：“这个地方很特别喔，找机会你一定要去看看。”

没想到一隔数年，我才有机会来到雅叙苑。这个“笃姬的故乡”位于日本的国境之南，不论是人文或林相，还真有着相当不同的风情。九州岛的萨摩鸡全国知名，在旅馆车道入口，乍见一个“此道路鸡优先行走”告示牌，就让我忍不住笑弯了腰。

通过仿佛由葱郁杂木交织而成的绿色隧道，在自由漫步的放养鸡的陪同下往山谷间走，几栋茅茸屋顶高耸的老旧乡舍错落，炊烟袅袅。开放式的厨房中，摆放着自家种植的新鲜有机蔬菜和自家鸡下的鸡蛋，一旁的木头上还长着香菇，十分可爱。村姑打扮的旅馆工作人员忙碌穿梭，好像眼前是如假包换的昭和初期山村景致，就像电影场景一般，迷人极了。

这第一眼的印象，会给来客踏入世外桃源、恍如隔世的感觉。近年来打着“古民居迁建”旗帜经营的高级日本旅馆不少，旅馆主人用心保存的心意也值得赞佩，不过多半只是借重古民居的气氛、样貌，但内部家具、用餐与服务方式全然现代化，像雅叙苑这样原味重现古典乡村生活的经营模式则十分罕见。当全世界忙着追求新颖，伪古、仿古只为呈现极致奢华；当古迹建筑的保存与流行只留下门面，有哪一家旅馆愿意花数十年的功夫，来保存一种活生生的、怀旧的生活形态？

雅叙苑开业于1970年，原本只是个位于乡间、一栋五房的低价位小旅馆。当时是日本经济的高度成长期，所有旅馆竞相大型化，纷纷从木建筑物改为钢筋水泥的大楼，因此没有特色与吸引力的雅叙苑并未如预期搭上鹿儿岛快速成长的观光潮，反而从此进入经营惨淡的10年。在这样的氛围中，寻求转型的雅叙苑主人田岛健夫深思之后没有盲从，反而更想要保存古老的好物、展现真正的当地特色。他认为客人想要追求的，是通过接触非日常的文化得到刺激与感动，因此他的旅馆必须能够“传递地方文化”。于是，田岛先生买来近邻原本预定要拆毁的茅葺古民居，改建为旅馆建筑，从此开始在自己的土地上“建村”，并在离风的房内设置露天浴池，让雅叙苑成为“附露天浴池客房”的先驱。田岛先生前后历经十几年的尝试与失败，才成功打造出一种逐渐被遗忘的田野乡愁空间，也开启了日本旅馆界迁建古民居的风潮。

この道
にわとり
優先。

10间客房除了两个较小的一般客房，主要分成两种形态：附露天浴池的房间和附起居浴池的房间，差别在于前者都面朝天降川，沿川而建，露天浴池皆在户外或有遮顶的阳台上；后者位于旅馆腹地后方，浴池则设在室内。

我最喜欢的特别客房“椿”（起居浴池型）楼高两层，是雅叙苑最后完成、价位也最高的房间，位于整个旅馆的最高处。一楼有围炉里和餐室，二楼则是和室与起居浴池，内有两张躺椅，非常舒服。“风”（露天浴池型）的价位排第二，是雅叙苑第一个古民居迁建的离室，也是“附露天浴池客房”的鼻祖。房间的露天浴池就位于可以眺望天降川的木制阳台上，美中不足之处是河川对岸有别的旅馆，无法畅快地享受露天之乐。

现在的雅叙苑已不再是当年的秘汤隐宿，因为主人田岛健夫花十几年打造的邻近姊妹馆“天空之森”于2004年底开业，数十年历史的迷你小宿雅叙苑

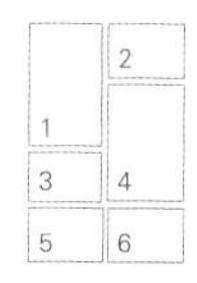

1. 厨师在开放的老式厨房用炉灶料理新鲜的自家食材。看着这样的“真人秀”，客人就像通过了时光隧道般回到从前。2. 路旁围篱上挂着自然风干与晒干的蔬菜，想必明后天就会以“浅渍”酱菜之姿登上早餐桌。3. 雅叙苑的食材讲究的并非珍稀，而是新鲜、有机和自给，蔬菜都来自自家菜园，鸡也由自己的养殖场提供，不过出现在旅馆的鸡都是宠物鸡，不会成为桌上的珍馐。4. “此道路鸡优先行走”的告示牌。在旅馆范围内，整天都可以看到萨摩鸡自由自在地踱步。5. 餐厅以小花束和蔬菜当筷架，别致环保又可爱，女将还细心地在每个筷套上写客人的名字。6. “雅叙苑”的公共浴场为独立的传统乡村建筑，设备简单，没有空调，虽有遮蔽，基本上还是在户外感觉。分男、女浴池，汤船都是用数十吨重的岩石手雕而成；另有独特的“打汤”（有气泡的汽水温泉）则属免费租用式，需从房内带牌子来挂在门上，表示使用中。

跟着声名大噪。“天空之森”在占地8个“东京巨蛋”大小的山头上，只盖了3座有露天浴池的住宿小屋和两幢泡汤休憩室，强调史上最“开阔”而奢华的私密空间。尽管是乡下地方，当媒体焦点都放在旅馆超高额的住宿费时，对于这样的经营模式我脑中只有一个大问号：“这种投资哪有办法回本啊？”

我向女将田岛悦子女士提出了我的疑问。不出所料，“天空之森”的收入当然不足，完全是靠“雅叙苑”支持。田岛女将腼腆地笑着说，那是她先生的一个理想、一个梦。她原以为婚后可以过着安稳的生活，没想到为了先生打造“日本独一无二的旅馆”的梦想，在结婚第二年她就成为雅叙苑事必躬亲、全年无休的女将。夫妻俩过了近10年“调头寸（到处想办法调进款项）”的辛苦时光，好不容易让雅叙苑“站稳了脚”，未料田岛先生又有了创造“日本第一”的想法，因而两人的时间与积蓄都再度投入了天空之森。看着一对年近古稀的夫妻，仍孜孜不倦地为梦想在打拼，我想起车道口的“此道路鸡优先走”告示牌，不禁莞尔。实现梦想，是需要纯真的性格，和有点孩子气的坚持的吧！

雅叙苑

地址
〒899-6507 鹿儿岛县雾岛市牧园町宿洼田4230
电话
0995-77-2114
房数
10个
浴池
男女别岩浴池大浴场，贷切浴池，足汤
网站
gajoen.jp

雅叙苑于2014年加入世界性的顶级小型旅馆连锁酒店 Relais & Châteaux，现在也和天空之森同为日本超豪华列车“九州岛七星号”的合作旅馆，早已成为九州岛、甚至全日本的代表性温泉旅馆。虽然我个人非常喜爱这样的素朴巧趣与复古氛围，但名宿并不等于豪华酒店，雅叙苑的方便性与舒适度绝对无法与设备新颖的摩登温泉旅馆相比，因此我建议读者们若有兴趣，最好先上官网确认旅馆是否符合自己的喜好，然后再订房。

大宇宙的无人岛
天空之森

鹿儿岛县・妙见温泉

从雅叙苑出发，沿乡间道路登上山林，我们花了约 15 分钟来到姊妹馆天空之森，景色豁然开朗。在女将田岛悦子女士的带领下，我来到“天空之森”最大的别墅前，站在极度宽广的木制露台上放眼望出。因为拥有 360 度的环绕景观，在群山绿意中，视线所及只有蓝天白云，主人田岛健夫因而将这栋别墅取名为“天空”。

天空之森位于九州岛鹿儿岛非常“乡下”的妙见温泉山上，却是个知名的“奇迹之宿”，吸引了来自全日本和世界各地的明星与名流。面积约有 13 个东京巨蛋大小的近 50 万平方米土地上，田岛先生将设施最小化，总共只打造了 5 个间距极广的 Villa，好让宿客得以保有最大的隐私，在没有旁邻的大自然中完全解放，自由沉浸在雾岛连山的绝景之中。

1992年，在雅叙苑走上正轨之后，主人田岛健夫将旅馆交由太太管理，自己则朝更高的理想迈进，计划打造出一个传承鹿儿岛地域文化、独一无二的“究极”度假酒店。他先购入附近10万平方米的山地，从整地整林开始，但因资金不足，前后耗时十几年逐次购地，因此可说是用“愚公移山”的精神来建设。1998年天空之森从自己的土地下挖掘出温泉，2003年完成四栋别墅，先提供白天的“野游”行程，让雅叙苑的客人在白天得以用郊游、泡温泉的形式使用天空之森的设施。2004年底宿泊用别墅开始正式营运；2005年在完成第五栋别墅“燕巢”后，以“大宇宙的无人岛”为宣传标语，再度以先驱姿态，为日本的旅馆界开启新篇章。2006年，天空之森以其独创性的竞争力得到“新日本样式100选”的肯定，在TOYOTA、TOTO和日清等入选品牌中，是唯一的旅馆界得主。

5栋别墅中有3栋可住宿，除了最大的“天空”，还有“茜照丘”（拥有绝景露天浴池和树屋），以及可观赏落日的“霖雨之森”，旅馆腹地内的移动皆使用高尔夫球车。所有的宿泊用别墅都由客厅和卧室两个独立空间组成，建筑墙面至少有两片以上完全都是落地窗，超级的开放感营造出与大自然合而为一的感受。另外还有2栋计时租用的别墅“花落乡”和“燕巢”，访客可在日间依价位租用4 ~ 10小时，以较亲民的价位享受到天空之森的设施。

田岛先生希望客人能借由裸身解放内心，享受大自然的神奇力量，进而对大地产生感谢之心，因而天空之森料理的奢华，不在于昂贵稀有的食材，而是生根于这片土地的“本物料理”。建筑入口前的大片梯田就是自家菜园，种植了30种以上的无农药蔬菜，只使用以天空之森的落叶和鸡粪所制作的有机堆肥。鸡肉也是来自于自家牧场在山林中放养的萨摩鸡，食材九成以上自给自足，也同时提供给姊妹馆雅叙苑使用。

一路支持先生的远大理想至今的田岛女将说，尽管多年来胼手胝足，辛苦经营，但最大的快乐就是能在这么乡下的地方，与来自日本各地、甚至于全世界的人结缘。也正因为雅叙苑和天空之森都不是平地起高楼，而是夫妻俩携手一点一滴的亲自打造，这两家旅馆才得以拥有独特的个性和与众不同的魅力，成为日本顶级温泉旅馆的代表。

天空之森是艺人、名流在日本的最佳选择，可以享受到最奢华、开阔的私密空间。在占地 8 个“东京巨蛋”大小的山头上裸身泡温泉，对多数日本人是遥不可及的梦想。

天空之森

地址

〒899-6507 鹿儿岛县雾岛市牧园町宿洼田市来迫 3389

电话

0995-76-0777

房数

宿泊用别墅 3 栋；日间租用别墅 2 栋

浴池

无大浴场，各室露天浴池

网站

www.tenkunomori.net

天空之森是本书中唯一一个我只参观但没有住宿体验的旅馆，原因是我不大习惯夜间睡在全然乡野的玻璃屋中，非常遗憾我无胆享受这种名流级的奢华。对于和我有相同考虑但又很想造访的朋友，不妨结合雅叙苑的住宿和天空之森白天的野游行程，不但两方都可以体验，钱包也不至于变得太空！

天地之界
界・阿苏

大分县・濑之本温泉

喜爱日本温泉旅馆的朋友们或许都知道，近年来快速扩张旅馆版图的星野集团，旗下有一个“界”系列。这个系列的旅馆，都是几年来星野在日本各地接手营运或“再生”的日式温泉旅馆，全体于2011年底星野发表“界”这个品牌后一起改名，像老旅馆蓬莱改名为界・热海、长野的贵祥庵改名为界・松本，而我多年前曾经住过的箱根・樱庵现在则成了界・箱根。不过“界”这个相当有意境的名字并非星野集团所创新推出，而是来自于2011年5月开始改由星野经营的界・阿苏。

界・阿苏旧名“和风离宿・界・ASO”，位于九州岛大分县的阿苏国立公园中，旅馆所在的濑之本高原海拔1050米，由于地处熊本县与大分县的交界，从饭店又可远眺阿苏五岳及外轮山有如卧佛的姿态，感觉就像是位于天地之界，因而命名为界·ASO。原本“阿苏”使用英文拼音，或许是为了增添时髦感，不过2006年6月开业的界·ASO，的确因大胆创新而备受瞩目。界·ASO当时在2.6万多平方米的土地上推出只有12栋离的顶级温泉旅馆，每个挑高屋顶的室内都有西式家具、舒适的按摩大浴缸，以及宽敞的露台和源泉挂流的露天浴池，并使用讲究的装饰、寝具与用品，创造出如私人别墅般的舒适空间，10年前是少数成功结合了温泉与别墅的和风洋宿。

有着时尚设计感的本馆位于旅馆腹地最高处，因而视野极广，休息室外还有宽敞的月见台，晴天可眺望阿苏山，夜里则可仰望星空。一条如乡间小径的道路从本馆往下延伸，以黑色为基调的客房分列两侧、隐身于树后，与自然融为一体。开放感佳的独栋离在原始林的包围之下，窗外绿意盎然，室内外都能保有隐私，夜间点起篝火，气氛更是绝佳。

可惜的是，或许由于地点较为偏远，交通不是那么方便，附近也不够热闹，这个在舒适度上至今仍少有旅馆可以超越的名宿收益不如预期，因此于2011年委由星野集团营运，翌年起改名为界·阿苏，但2014年原业主还是把界·阿苏卖给了星野集团的不动产投资信托。星野集团接手之后，经营团队和厨师长都换人了，硬件和服务方面倒没有什么改变，除了把夜宵从小竹篓装的稻荷寿司改成了更有趣的烤番薯。还有，这个原本走精品路线的旅馆以前不接受12岁以下的客人，但从2012年3月已改为欢迎家族入住，当然也增加了一些星野集团最擅长规划的当地体验活动，像是秋季在阿苏外轮山一片金黄色芒草原上骑马的“黄金乘马”等。

由于界·ASO的服务人员从开业起就是支配人（总经理）领导的年轻团队而非传统的女将仲居，因此星野集团接手后的感觉落差不大。旅馆重视隐私的西式奢华感，非常适合追求舒适感或是喜欢时髦、新颖温泉旅馆的人。不过本馆与最远的房间直线距离150米，高低差有20米，上本馆的休息室也需要爬楼梯，若有老人或幼童同行，订房时最好先要求较为靠近本馆的房间。

界・阿苏

地址

〒879-4912 大分县玖珠郡九重町大字汤坪 628-6

电话

+81-(0)50-3786-0099

房数

12 室离

浴池

各室露天浴池，无大浴场

网站

www.kai-aso.jp

只有 12 栋离的顶级温泉旅馆，每个挑高屋顶的室内都有西式家具、舒适的按摩大浴缸，以及宽敞的露台和源泉挂流的露天浴池，并使用讲究的装饰、寝具与用品，创造出如私人别墅般的舒适空间，10 年前是少数成功结合了温泉与别墅的和风洋宿。

温泉小镇“御三家”之首

龟之井别庄

大分县・汤布院温泉

九州岛的汤布院是日本最受欢迎的温泉地之一，多年来一直维持“干净”温泉乡的形象，小镇傍晚 6 点之后商家闭店、恢复小城宁静，在居民的坚持下没有特种行业，多数旅馆也欢迎女性一个人住宿。[1]晚上享用特色“山里料理”和泉量丰沛的真正的好温泉，白天则欣赏美丽的山城景致，逛一逛可爱的个性小店街，造访多次我也不觉得腻，这里是想纾压或轻松出游的好地方。

有人将汤布院的成功归功于怀抱理想、并能共同坚守信念的居民和业者。当然，汤布院 100 多家温泉宿中的“御三家”，也就是名宿龟之井别庄、玉之汤和山庄无量塔都功不可没。龟之井别庄是由大正时期别府实业家油屋熊八用来招待贵宾的别墅改建而成，前任主人中谷健太郎是电影人，和玉之汤的前主人沟口熏平可说是联手建立今日汤布院形象的重要推手。而喜爱收集艺术品的无量塔前主人藤林晃司，甚至在仅有12个客房的无量塔打造精致可观的私人美术馆！每年都有“音乐祭”和“映画祭”的汤布院，真的是一个小巧却有文化、高格调的温泉乡。

御三家之首的龟之井别庄，80几年的温泉旅馆历史等同于汤布院温泉乡的发展史，因而旅馆达人柏井寿先生说，龟之井别庄等于是由布院的代名词。[2] 龟之井拥有3万多平方米带点民家野趣的林园及4个水量丰沛的泉源，一旁还挨着迷人的金鳞湖，总共却只有15个离和6个洋室，由于多数客人都在房内用餐或只窝在房内泡澡，因此公共温泉区时常空无一人。

白天的龟之井美得幽静，只有两组沙发大小的会客房就像儿时乡下老家的客厅一样。有壁炉的谈话室藏书丰富，气氛温馨，冬雪之日最受欢迎，一般认为现在温泉旅馆十分流行的图书室兼谈话室就是从这里开始的，可说是引领潮流的先驱。会客楼上6个带点怀旧古味的洋室，有着白墙、粗梁和斜屋顶，格局皆不相同，但都如其他15个数寄屋风格的离一样舒适、宽敞。两种房型我都住过，可说各有风情。

二十几年前我第一次来到龟之井别庄，5月底的入夜时分，服务员力邀我们出去走走。宁静的小城晚上外面一片漆黑，出去要做什么呢？当时因为我和同伴日文程度太差，完全不懂为什么他们坚持要带我们出去。我们拿着手电筒，摸黑绕到旅馆后方的小溪，才发现溪面上全是一闪一闪的萤火虫！一群人像小孩子一样兴奋地随着忽明忽暗的光点手舞足蹈，那真是龟之井令人难忘的夏日风情。

还有一次，初冬的由布院下了第一场雪，我从烧着炉火的谈话室哆嗦着回到一番馆，脱下浴衣、冲过冰冷的空气，跳进自己院里的露天浴池。看到细细的白雪落在肩上，和汗水融合、消失，而一旁的草地则像蛋糕一样，慢慢被天际的“厨师”洒上一层薄薄的白色糖霜。想着昨夜此时，仰头看到的还是满天星斗，今晚，细密的雪花却接连落在我的睫毛上，让我几乎睁不开眼……一个身子同时消受着冷与热，感觉到的却是幸福的滋味！我这才发现，原来泡温泉的极致乐趣竟由矛盾而来。

龟之井别庄是我最早接触的温泉旅馆之一，当年那种低调、朴实的贵气，

1. 由于温泉直接注入金鳞湖，冬季形成白烟氤氲的特殊景象，是冬日游汤布院必访的美景。2. 山家料理“汤之岳庵”。3. 走廊角落的灯饰。4. 边看着自己小庭院边泡汤，享受极了！ 5. 我最喜欢一番馆的“雪见障子”，把庭院格成饶富趣味的构图。6. 宽敞、舒适的洋室适合睡不惯榻榻米的人。7. 主建筑物入口处隐秘、低调，宛如一般乡间的大户民家。8. 汤之岳庵夹点菜单的木牌，还保留旧日“几番席”为桌号，和客房用“几番馆”为房号一样。

宁静又自然，让我对其一见钟情。多年下来，新形态的奢华温泉旅馆辈出，龟之井的料理与服务或许不再显得出色，但四季皆美的环境与含蓄、内敛的风华依旧，仍是温泉旅馆迷不容错过的名宿。

注

1 一人住宿对以人数计价的温泉旅馆而言是不划算的，因此有许多日本旅馆不接受一人订房。

2 到底是“汤布院”还是“由布院”呢？许多人都有这样的疑问。其实这个原名“由布院”的小城，于1995年和“汤平村”合并后改名“汤布院”，但火车站及许多历史悠久的店家、旅馆都还是用“由布院”这个名字，反正日文念起来都是Yufuin，就像福冈和博德是指同一个地方一样。

龟之井别庄

地址

〒879-5198 大分县大分郡汤布院町川上2633-1

电话

0977-84-3166

房数

21个（洋室6个、离15个）

浴池

男、女大浴场各一，都有露天浴池。

网站

www.kamenoi-bessou.jp

汤之岳庵午餐才有的山家便当，全部使用当季特色地方食材。会在入口处展示当日的新鲜食材，全都是附近签约的优良农家所提供。

女孩们的最爱
玉之汤

大分县·汤布院温泉

一踏入“玉之汤”的庭院小径，你就会明白，为什么在日本女性最向往的汤布院温泉区，“玉之汤”会成为最受女性顾客喜爱的温泉宿。

有别于一般的名宿庭院，总是如贵族衣衫般一丝不苟与讲究修裁，由布院地区的和宿庭院多半是呈现自然风貌的杂木林。但相较于当地老旅馆龟之井别庄那种富贵人家乡间别墅的大气与历史感，玉之汤庭院的盎然绿意中，点缀着看似不经意的各色花朵，则显得十分可爱、温馨。和茶室、酒吧及餐厅“葡萄屋”一样都对外开放的小卖店“由布院市”，门口摆着两只以圆木段和树枝组合成的小木马，看起来野趣洋溢又不失精巧；店内满是令人忍不住再三把玩的小物，由左一声右一句的“可爱！”就可以知道，玉之汤第一眼的印象就掳获了女性顾客的心。

走进只对住宿客人开放的读书室，空气中飘着咖啡味与花香，教人不由自主地身陷柔软沙发中。左拥书墙、右倚壁炉，眼前的庭院绿意和廊下的白色木头桌椅，被落地玻璃门的木格框成明信片般的美丽构图。听着轻柔的古典音乐，把一块图书室内供客人享用的奶油饼干放入口中，香浓感挑动着味蕾。连一只从高高的天花板缓缓降下，原本妄想与我争地盘却只能瑟缩而回的小蜘蛛，都变得可爱极了！

玉之汤可办理入住手续的最早时间为下午一点，中午退房，这样超长的滞留时间是日式旅馆中罕见的体贴做法，让客人可以轻松享受旅馆中的时光。不像传统日式温泉旅馆由一位仲居负责照顾同一房间客人的大小事宜，玉之汤是温泉旅馆中较早开始采用近似西式旅馆的分工的旅馆。迎送、柜台、餐厅各由不同的服务人员负责，廊下总是会遇见忙进忙出仍面带微笑、谦恭有礼的工作人员，带点温暖、热闹的气氛，和一般略显寂静的高级旅馆大不相同。在玉之汤经过走廊时常常会看到推着“娃娃车”的“保姆”，其实这些西洋古典娃娃车是用来运送料理碗盘及物品的，每当在走廊上狭路相逢时，你就会见到一整列像排着队推娃娃车的女服务员停下车，垂着手、堆着满脸笑容恭敬地让客人先走，也算是玉之汤一个非常有趣的独家画面。

强调乡土“山里料理”的由布院温泉旅馆，菜品主题多半是地产鸡、丰后牛肉、香鱼和野菜，来到这儿可是不能期待龙虾、鲍鱼或海胆的。但是如何用寻常的食材表现名宿料理的质感呢？聪明的玉之汤特别延请名料理研究家辰巳芳子以当地食材，共同开发出兼顾美味与健康的特色料理，在“由布院市”不但可以买到食谱，还可以选购一些风味独特的食材与酱料，回家考验自己的厨艺。

泡完玉之汤清澈而泉质柔和的“美人汤”，再尝一尝富含胶质、具有美容效果的软壳鳖锅，这是最受欢迎的当地特色美食，据说有人专为这一味而来。玉之汤的晚餐主菜提供多种选择，除了软壳鳖锅，另有配柚子、胡椒的地产鸡锅、烤丰后牛排、丰后牛寿喜烧或涮涮锅。菜量原本就十足，但是超好吃的牛肉竟然可以免费续！甜点也可四选一，丰富的多样性和弹性在高级和宿中可说是绝无仅有，而且菜品的搭配与料理的

呈现都别出心裁。连筷架都不落俗套地选取新鲜花草，带有生命感的鲜活色彩和季节情调，让人看了就食指大动。种种设想都迎合追求美味也讲究“美色”的女性顾客，无怪乎玉之汤会成为女性顾客们相约泡温泉的首选。

玉之汤颇负盛名的洋食早餐果然也很别致。加了柠檬的西红柿汁口感清爽，绝非只尝过罐头西红柿汁的人所能想象；自家制的酸奶配上新鲜蜂蜜和果酱，香醇美味下肚时仿佛挂了健康招牌。辰巳芳子女士以由布院新鲜野菜设计的西洋菜汤和胡萝卜汤，还有配着盐及橄榄油吃的自制豆腐（出乎意料的组合，还非常好吃呢！），即使不用昂贵食材，玉之汤的用心与创意，让我在“一泊二食”的“食事”中，得到了最大的惊喜与满足。

1 万平方米的庭院中有 5 个泉源，不但保证原汁原味，连泉质都略有不同的玉之汤温泉古称“玉壶泉”（旅馆名称的由来），在全日本诸多以假温泉鱼目混珠的温泉旅馆中可说是得天独厚。或许因此，公共浴场处在气氛营造和环境呈现上就没那么出色。不过当其他的一切都可爱极了、贪心续的高级和牛菲力又把你撑得思路混沌时，白色雾气弥漫中，那号称能使你肌肤光滑如玉的温泉热情“拥抱”着肩下的每一寸肌肤……谁还会在乎那一点点小小的不足呢?

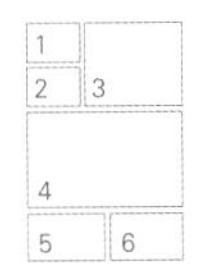

1. 会客房内的休息区就像个舒适的图书室。2. 用餐空间。3. 房内的温泉。4. 曲径引人穿过轻松自然的杂木林庭院，走向“躲”在料亭“葡萄屋”后的玉之汤入口。5. 宿泊客专用的读书室兼谈话室。6. 玉之汤的客房多是在和式环境中使用睡起来较舒适的西式床；可睡 3 人以上的大房间则为纯和式。

玉之汤

地址

〒879-5102 大分县大分郡汤布院町川上 2731-1

电话

0977-84-2158

房數

17 个（和洋室 15 个、和室 2 个）

浴池

男、女大浴场各 1 个，都有露天浴池

网站

www.tamanoyu.co.jp

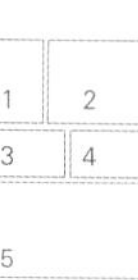

1. 由住宿客人专用的图书室兼谈话室看出去的庭院景致。看似自然、没有整理过的庭院，其实由 5 人专业团队负责照料。2. 虽不如传统怀石料理那样精雕细琢，玉之汤的菜重美味也重“美色”，呈现方式有其特色与创意。3. 自家制豆腐配盐和橄榄油吃——好吃耶！ 4. 利用鲜花做筷架，是玉之汤兼顾季节性与美感的创意。5. 在玉之汤经过走廊时常常会看到推着“娃娃车”的“保姆”，其实这些西洋古典娃娃车是用来运送料理碗盘及物品的。每当在走廊上狭路相逢时，你就会见到一整列像排着队推娃娃车的女服务员停下车，垂着手、堆着满脸笑容恭敬地让客人先走，也算是玉之汤一个非常有趣的独家画面。

低调的时尚奢华

山庄·无量塔

大分县·汤布院温泉

初访九州岛汤布院的山庄·无量塔，是 2005 年的夏天。前一年的 9 月，这家超人气时髦温泉旅馆才刚从 8 室的迷你旅馆扩增为 12 室，由于新增的 4 室从一开业起就被 JTB（日本交通公社）全包下，非常难订。所以当我知道我成功抢到了其中一间大房“袍”时，老实说，我几乎是怀着朝圣的心情、流着口水前往。

无量塔在汤布院“御三家”中历史最短，但知名度与评价却丝毫不输给龟之井别庄和玉之汤[1]。1992 年无量塔一开业，即因创新的混合文化美学观与注重私密性的名流休闲风格，一跃成为极品温泉旅馆的明星。它并不位于小店温泉旅馆林立的汤布院小镇上，而是在盆地北面山腰的“鸟越地区”，因此即使敷地内的美术馆、商店设施及 Tan's Bar 都对外开放[2]，还是鲜少有过路客，不像龟之井别庄门口总会有探头探脑的好奇者或慕名前来拍照的观光客。

只有一个小门牌的无量塔，小小门面隐于树后，旁边还堆满了木柴，若不是仲居们站在门口迎接，车开过头也不会知道，的确更为传言中的无量塔增添几许神秘。位于本馆的会客房昏暗、狭小，古朴的民家气息可能会让在心中把盛名与华美画上等号的访客大失所望。但服务人员细心多礼，流露出一种一般温泉旅馆工作人员少见的时髦、洗炼气质。柜台旁是也对非住宿客人开放的餐厅“茶寮 柴扉洞”，眼前榻榻米中央的炉灶蒸笼正冒着白烟，抬头则见交错的榉木古梁。在这样复古、怀旧的环境中享用无量塔的山里料理和名物配柚子、胡椒、地产鸡锅，气氛一流！

无量塔的房间都是离，不过新增的4室是利用新潟、北陆的古材新建，跟原本都是古民居迁建的旧有客房形态不同。房间面积从最小的60多平方米到最大的165平方米，各室呈现截然不同的意趣，但皆摩登、宽敞，处处流露创业者藤林晃司的美感与品位，可说是日本旅馆以古民家配置洋家具的元祖，引领风潮至今。

新增的4室中我曾住宿过的“袍”与“相”都是如小别墅一般的两层建筑，两者风格类似。挑高的客厅中，有舒适的名家沙发与抽象画；客厅旁的传统和室，配上了大片的落地窗及窗外专用的露台、桌椅与翠绿扶疏。“袍”和“相”的对面就是商店匠铺・藏拙及宿泊客专用的图书室兼谈话室——静谧、舒适、高贵、时髦，和房里一样是让人进去就舍不得离开的空间。

旧馆中的“明治”广达165平方米，但整体格局比较适合家族入住；我最喜欢的则是130多平方米的“藤”，客厅优雅迷人，浴室内以古董瓷砖制作的圆形浴池充满风情。主张“单间温泉主义”的无量塔没有公共浴场，以避免和陌生人一起“下水饺”的名流诉求设计的房内汤屋使用真正的温泉，开向庭院绿意的大窗让浴室内部宽敞、明亮，有半露天的效果，设备齐全，甚至不输一些小型旅馆的大浴场。无量塔的每个房间都有自己的个性和美感，因而每次再访，都能让人感到新鲜与期待。

美感意识备受推崇的藤林晃司本身虽非艺术建筑专业，却成功地从自己收集古董的兴趣及经验中，创造出独家的

风格。他出身大分县日田，19到30岁间在日田市开咖啡专门店，31岁才到汤布院经营与旅馆同名的餐厅，之后买下汤布院盆地的山地，于1992年开始推出古民家的离风温泉旅馆。因为母亲家与寺院有渊源，于是藤林先生为自己的餐厅和旅馆取了与佛教有关的名字。他认为自己不按牌理出牌的独特艺术观，其实正是来自从小在寺庙环境的影响。我2007年底再访时，藤林先生还曾亲自带我到附近的古董店参观并畅谈自己的理念，他说日本文化过去也受中国、韩国的影响，后来才独树一格，因此他希望自己所创出来的风格，百年后能有机会成为日本文化的代表。

遗憾的是，藤林先生于2010年7月去逝了，享年57岁。我不知道藤林先生一手打造出来的无量塔风，如今是否足以代表日本文化？不过，可以确定的是这么多年下来，无量塔依然是我最喜欢的温泉旅馆之一。而历经时间考验仍能深得我心的，正是旅馆内名气不输无量塔的Tan's Bar——古董摆设在深色

注

1 龟之井别庄创业于1921年，玉之汤创业于1954年。

2 旅馆范围内还有美术馆artegio、荞麦面馆不生庵、巧克力店theomurata及店内茶室the theo，都对外营业。餐厅茶寮・柴扉洞、Tan's Bar有些时段是保留给宿客的。较早开业的B-Speak Café则在旅馆区域外的汤之坪街道入口。B-Speak Café生产贩卖的P Roll是使用地产鸡有精卵制作的蛋卷蛋糕，已成为汤布院的人气美食多年。

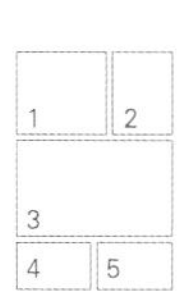

1. 新四室中的“袍”的独属浴池外是属于自己的庭院，将落地窗打开就像露天浴池。2. 客房“袍”的独属浴池更衣处。3. 客房“袍”一楼的和室。4. 选货店匠铺・藏拙，店铺深处即宿泊客专用的图书谈话室，提供免费的咖啡茶点。5. 2007年底我造访时，无量塔主人藤林晃司先生还曾亲自带我到附近的古董店参观，2010年听闻他离世的消息让我感到十分的遗憾不舍。

古木格窗前，看似随意搁置却点缀得恰到好处，和各组互不相同却十分协调的桌椅，在略显昏暗的灯光下，显现出慵懒、柔美的迷人姿态。30年代的美制音箱透过巨大且造型特殊、看起来却毫不突兀的红色喇叭，将古典音乐轻柔“倾泻”入混着咖啡香和酒香的室内，真的教人不饮也醉！在Tan's Bar如梦似幻的气氛包围下，啜着咖啡，享用无量塔附属咖啡厅B-Speak Café特制的P Roll蛋卷蛋糕，当浓郁的蛋香在口中散开，真是人间最幸福、奢华的享受！

高格调的质感，正是让人一住就会爱上无量塔的原因。当年藤林先生告诉我，Tan's Bar这个看起来十分时尚的名字，其实来自同乡的江户时代日本儒学者广濑淡窗的“淡”字。藤林先生以“淡”字来代表日本料理口味的最高境界，同时希望访客以“淡泊”之心来到这里，从容、悠闲地享受他悉心雕琢与安排的空间。几次入住，由于和其他住客几乎都打不到照面，我常有一种错觉：这儿所有的一切都是专为我们服务的！

我对无量塔最欣赏的，是那精心营造出来，无法以笔墨描述，也无法用相机捕捉的气氛，而这一切看似不经意的美，其实来自深厚的底蕴。就像一条真正的帕什米纳小羊绒围巾，看起来只是高尚、素雅，但唯有在你真的将它包裹在肩头，你才会讶于围巾的轻柔、细腻和它带来的温暖。

无量塔

地址

〒879-5102 大分县大分郡汤布院町川上1264-2

电话

0977-84-5000

房数

12个（8栋离12室）

浴池

单纯泉；无大浴场，每个房间都有独立浴池。

网址

http://www.sansou-murata.com/

1
2 3

1. 最大的离栋“明治”室内面积广达165平方米，是由新潟迁建的古民居。有三间寝室、两个和室，还有个带有围炉里的房间及宽敞的桧木浴池，但整体格局比较适合家族入住。2. 新室“相”的一楼客厅区。3.“明治”栋的围炉里。房间的每一根梁、每一条柱、每一张桌，都以最合宜、讲究的方式保留了原木的自然曲线或纹理；木纹内蕴藏岁月雕琢的古旧气质，抚摸起来竟如少女肌肤般光滑、舒适。

Map

私藏
日本名宿 50 个

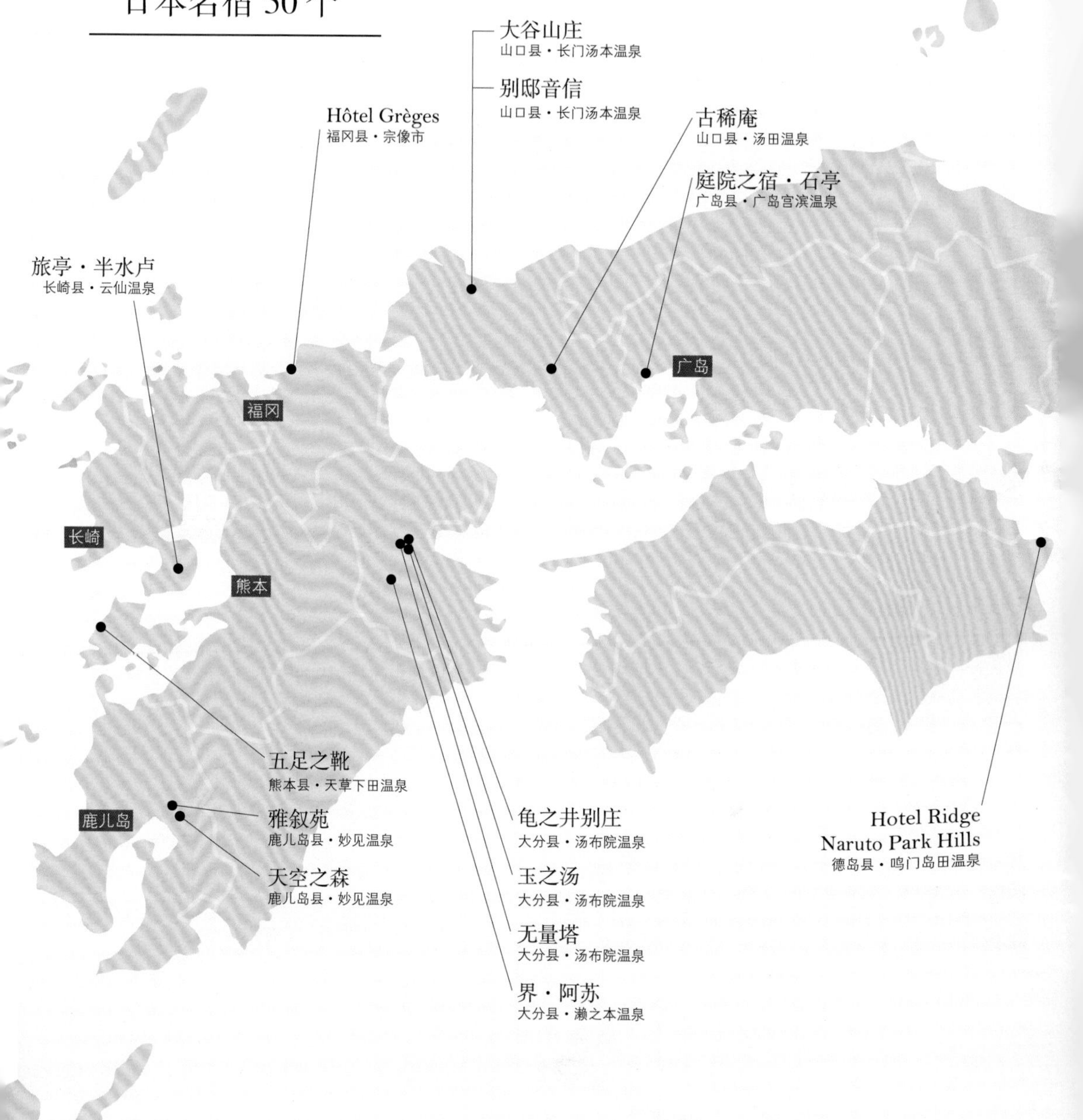

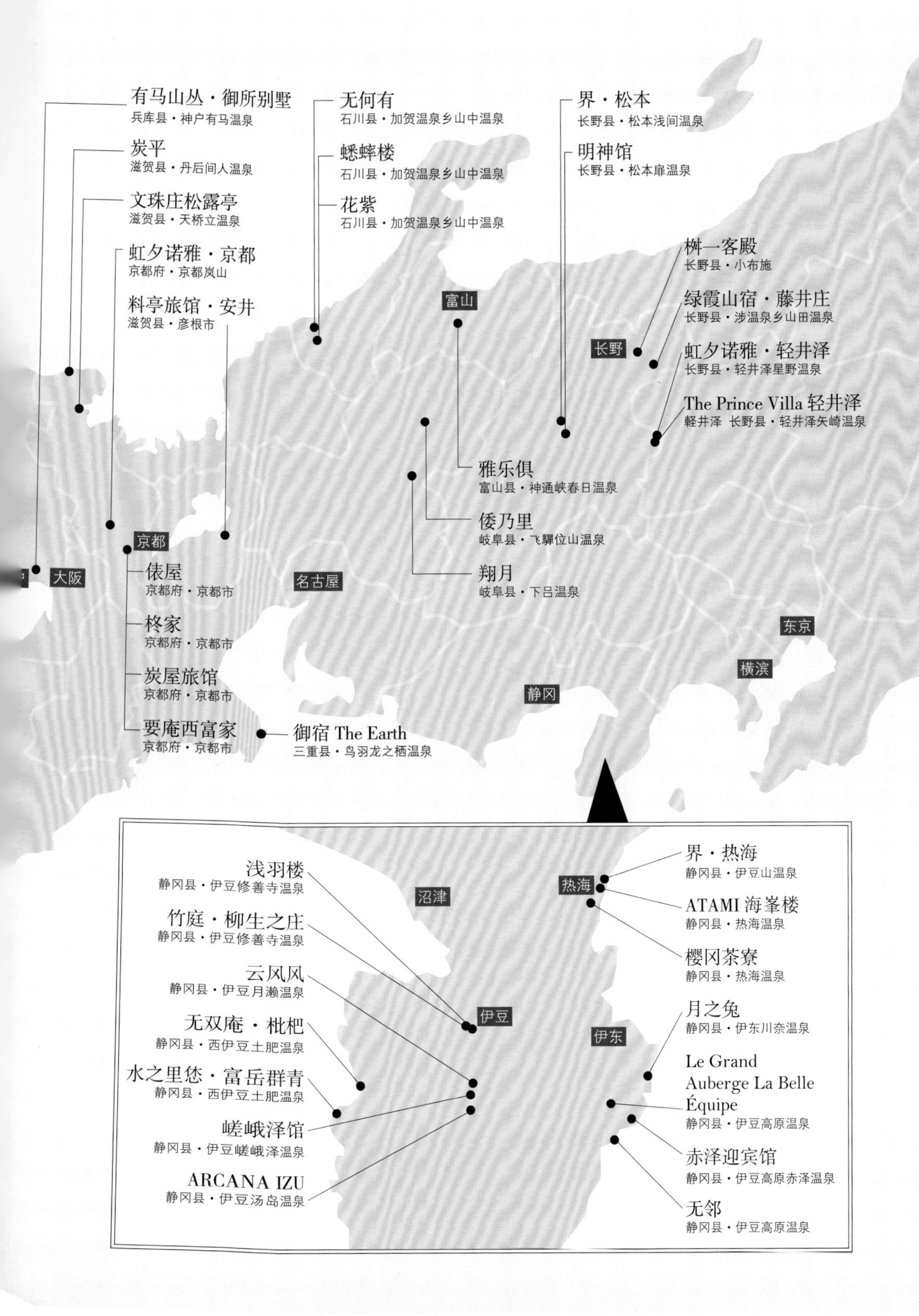
有马山丛·御所别墅
兵库县·神户有马温泉
炭平
滋贺县·丹后间人温泉
文珠庄松露亭
滋贺县·天桥立温泉
虹夕诺雅·京都
京都府·京都岚山
料亭旅馆·安井
滋贺县·彦根市
无何有
石川县·加贺温泉乡山中温泉
蟋蟀楼
石川县·加贺温泉乡山中温泉
花紫
石川县·加贺温泉乡山中温泉
界·松本
长野县·松本浅间温泉
明神馆
长野县·松本扉温泉
桝一客殿
长野县·小布施
绿霞山宿·藤井庄
长野县·涉温泉乡山田温泉
虹夕诺雅·轻井泽
长野县·轻井泽星野温泉
The Prince Villa 轻井泽
軽井泽 长野县·轻井泽矢崎温泉
富山
长野
雅乐俱
富山县·神通峡春日温泉
倭乃里
岐阜县·飞驒位山温泉
翔月
岐阜县·下吕温泉
京都
大阪
名古屋
东京
横滨
静冈
俵屋
京都府·京都市
柊家
京都府·京都市
炭屋旅馆
京都府·京都市
要庵西富家
京都府·京都市
御宿 The Earth
三重县·鸟羽龙之栖温泉
浅羽楼
静冈县·伊豆修善寺温泉
竹庭·柳生之庄
静冈县·伊豆修善寺温泉
云风风
静冈县·伊豆月濑温泉
无双庵·枇杷
静冈县·西伊豆土肥温泉
水之里悠·富岳群青
静冈县·西伊豆土肥温泉
嵯峨泽馆
静冈县·伊豆嵯峨泽温泉
ARCANA IZU
静冈县·伊豆汤岛温泉
沼津
伊豆
热海
伊东
界·热海
静冈县·伊豆山温泉
ATAMI 海峯楼
静冈县·热海温泉
樱冈茶寮
静冈县·热海温泉
月之兔
静冈县·伊东川奈温泉
Le Grand Auberge La Belle Équipe
静冈县·伊豆高原温泉
赤泽迎宾馆
静冈县·伊豆高原赤泽温泉
无邻
静冈县·伊豆高原温泉

图书在版编目(CIP)数据

私藏日本名宿50个 / 梁旅珠著. -武汉：华中科技大学出版社, 2017.9（2021.4重印）
ISBN 978 7 5680 2895-0

Ⅰ.①私… Ⅱ.①梁… Ⅲ.①旅馆-建筑设计-日本 Ⅳ.①TU247.4

中国版本图书馆CIP数据核字(2017)第100480号

原书名：究极の宿：日本名宿 50 选　作者：梁旅珠　本书由台湾远见天下文化出版股份有限公司 正式授权华中科技大学出版社有限责任公司出版中文简体字版，非经书面同意，不得以任何形式任意复制、转载。
湖北省版权局著作权合同登记　图字：17-2017-133 号

私藏日本名宿50个
SICANG RIBEN MINGSU WUSHI GE

梁旅珠　著

出版发行：华中科技大学出版社（中国·武汉）　电话：（027）81321913
武汉市东湖新技术开发区华工科技园　邮编：430223
出 版 人：阮海洪

责任编辑：杨　森　责任监印：秦　英
责任校对：平　雯　装帧设计：张　靖

印　刷：武汉市金港彩印有限公司
开　本：710 mm × 1000 mm　1/16
印　张：18
字　数：50千字
版　次：2021年4月第1版第3次印刷
定　价：88.00元

投稿热线：(010)64155588-8000
本书若有印装质量问题，请向出版社营销中心调换
全国免费服务热线：400-6679-118 竭诚为您服务